用蜂蜜
制作家庭保养品

［日］前田京子 / 著

梁华 / 译

华夏出版社
HUAXIA PUBLISHING HOUSE

图书在版编目（CIP）数据

用蜂蜜制作家庭保养品 /（日）前田京子著；梁华译 . -- 北京：华夏出版社，2019.4

ISBN 978-7-5080-9620-9

Ⅰ . ①用… Ⅱ . ①前… ②梁… Ⅲ . ①蜂蜜 - 基本知识 Ⅳ . ① S896.1

中国版本图书馆 CIP 数据核字 (2018) 第 271557 号

HITOSAJINO HACHIMITSU by Kyoko Maeda

Copyright © 2015 Kyoko Maeda

All rights reserved.

Original Japanese edition published by Magazine House Co.,Ltd.

Simplified Chinese translation copyright © 2019 HUAXIA PUBLISHING HOUSE

This Simplified Chinese edition published by arrangement with Magazine House Co.,Ltd., Tokyo, through Honno Kizuna, Inc., Tokyo, and Bardon Chinese Media Agency

北京市版权局著作权合同登记号：图字 01-2017-6906 号

用蜂蜜制作家庭保养品

作　者	［日］前田京子	版　次	2019 年 4 月北京第 1 版
译　者	梁　华		2019 年 4 月北京第 1 次印刷
责任编辑	李春燕	开　本	787×1092　1/32
美术设计	殷丽云	印　张	6.5
责任印制	周　然	字　数	115 千字
出版发行	华夏出版社	定　价	45.00 元
经　销	新华书店		
印　刷	三河市少明印务有限公司		
装　订	三河市少明印务有限公司		

华夏出版社 网址：www.hxph.com.cn 地址：北京市东直门外香河园北里 4 号　邮编：100028
若发现本版图书有印装质量问题，请与我社营销中心联系调换。电话：（010）64663331（转）

目录 🐝

前言 🐝

蜂蜜与我

多年以来，在我的生活中，蜂蜜已经成为一种必然的存在。

有时候用于做菜和烘焙，有时候淋在酸奶或日式蕨饼上吃，还有的时候纯粹是因为嘴馋，想吃点儿什么的时候，就会舀出一匙、直接抿上一口。

不同的蜂蜜，产地各不相同，蜜源植物也各不相同。每一次仔细品尝抿入口中的蜂蜜时，我的脑海中会浮现那片土地和景色——那一刻，恍如身在旅途。如果偶遇稀有的蜂蜜，我还会想方设法找到蜜源植物的图片或照片看看，也是一种享受。

在以前的作品里，我多次提到蜂蜜可以用作入浴剂。入浴前在浴缸水里添加两到三大匙蜂蜜搅匀，出浴时皮肤绝不会觉得黏黏糊糊——正相反，皮肤感觉非常清爽，保湿效果绝佳。是蜂蜜，让我每一次出浴都感觉超级棒。

　　我常会仔细琢磨入浴剂的配方配比，就像琢磨晚餐菜谱那样。比如用意大利产的橙子蜜，加上橙花精油[1]和几滴橄榄油等。疲惫的时候，它们能让我重新焕发精神。

　　马上要出门了，可脸上的皮肤状态糟糕得简直没法看的时候，可以取一匙蜂蜜（当作基剂），再添加一滴自己喜爱的植物精油（当作美容油），只需一两分钟就可以做成一份蜂蜜面膜。

　　是蜂蜜，每一次都神奇地让我的皮肤光洁幼滑；是蜂蜜，每一次都让我安心，让我感动。

　　"蜂蜜与我"，用英文说应该是"Honey & I"，这是情侣或夫妇之间的甜蜜用语，意思是"心爱的你和我"。去年，我刚刚把"写给薄荷油的情书"编成了一本书。不过，既然蜂蜜这个对象也如此有可塑性，那么，这样的老情人，再多几个也无妨吧，呵呵。

　　说真的，从孩提时代算起，我接触蜂蜜已有数十年，可就在几年前，我与蜂蜜之间的关系忽然有了一次颠覆性的变化。可以说，是这次巨变，促使我回顾了多年以来自己与蜂蜜接触的历史，并将其归纳总结起来，便是这本书的由来。

---

1. 芳香疗法中使用的采自植物的花、叶、茎、枝、树脂等部位的芳香成分。自古以来就应用于医疗、美容领域。

我与"药用蜂蜜"
("MEDICALHONEY") 的邂逅

有一段时间，我咽部突然疼痛，而且怎么也好不起来，这令我十分苦恼。

以前如果出现这种症状，无论起因如何，通常我只需倒一杯热水，往热水里滴入一滴薄荷油，用这杯水给咽部做一个熏蒸，第二天、最迟第三天准会好。

但是，灵验如许、赛过一切润喉片的薄荷油，这次我已连续使用好几天了，咽部疼痛仍未消除。这到底是怎么回事呢？

我忽然想起："蜂蜜能促进受损皮肤及黏膜的修复"。接着，我又想到平日里自制的蜂蜜面膜对粗糙皮肤的神奇修复作用，于是一下子有了信心，恨不得立刻就拿蜂蜜来试试。

于是，我从手边的蜂蜜中，选了自己最喜欢的、散发暖阳味道的膏状苜蓿花蜜[1]，晚上睡前抿了一口，然后赶紧上床睡觉。第二天，时隔多日，我终于又在满足和舒适中睁眼醒来。万岁！

---

1. 将天然蜂蜜，在不破坏其生物化学有效成分的同时，通过温度管理，使其成为极细的结晶，成为幼滑的膏状。

不过，咽部疼痛的病因貌似并未完全除根，咽部仍然有点说不上来的感觉，并且仍旧持续了一段时间。

服用蜂蜜虽然帮助我减轻了咽部症状，但只是让原来疼痛和杀的感觉变成了辣丝丝的感觉，接下来的几天，大多数时间里我仍有不适之感，并不能完全忘记咽部的存在。

我平时身体很好，很少会感觉不适，所以对这次持续数日的不适实在缺乏耐心。可以说，这是我有生以来第一次持续这么长时间的咽部不适。我的心思都在这上头，没法集中注意力去做任何事。

就在这时，忽然灵光一闪，我想起了大约十年前，有个旅居新西兰的朋友给我打电话时聊到过的一件事。

"哎，你知不知道麦卢卡蜂蜜啊？麦卢卡¹这种植物，跟茶树²很像，但还不太一样。在我们这儿，只要说蜂蜜，就专指麦卢卡蜂蜜哦。"

1．分布于新西兰全域的天然生桃金娘科常绿木。其花如梅，有白、粉、红等颜色。以白花所含有效成分最多。麦卢卡是毛利语，其叶自古为草药。用于蜜源，始于 1840 年养蜂技术及蜜蜂传入之后。常用作庭院树，在日本也是园艺用木，被称为柽柳梅（中国称松红梅）。

2．澳大利亚东部天然生桃金娘科常绿木。其精油具极强的抗菌作用，是世界范围内最广泛用于芳香疗法的精油之一。因库克船长曾以其叶泡小喝，又被称为"茶树"。

　　这位朋友知道我是精油和蜂蜜的骨灰级粉丝，电话中说完蜂蜜的事之后，很快就给我寄了一封信来，随信寄来的纸巾上，浸透了一种与麦卢卡香气十分接近的同类植物——卡奴卡[1]的精油。我兴致勃勃地打开信封，瞬间，一股浓浓的、仿佛碧绿的宝石、又如同清新的海风一般的香气便流溢而出。

　　听说，在一些权威医院，麦卢卡蜂蜜已被医生用于疑难病的治疗当中，并根据疗效的强弱，将其分为好几个等级。

　　当时，应该是 2002 年前后吧，日本也越来越多能听到麦卢卡蜂蜜的名字，所以我在听朋友提到麦卢卡蜂蜜之后，很快就去进口食品店买了一瓶尝了尝。从口感上来说，与其说它是蜂蜜，我倒觉得更像是焦糖。我本来就特别喜欢吃焦糖，所以当时觉得："哇，真是太赞了！"

　　不过，平时很少身体不适，跟疑难杂症更是无缘的我，对"蜂蜜可以药用，能治病"的说法完全没有放在心上。那次，我只是用麦卢卡蜂蜜涂抹吐司片，然后，一边品尝美味、一边心满意足地把蜂蜜吐司吃掉了。

1．新西兰天然生常绿木，与麦卢卡同属桃金娘科，但树木高于麦卢卡树，白色花朵直径较小，有强烈芳香。两种蜂蜜性质差异较大。

"哎，对呀，也许我可以拿这个蜂蜜来对付咽部不适！"灵光一闪的我，决定试试看。

于是我立刻着手查找资料，从而对麦卢卡蜂蜜有了更多的了解。其中最让我产生浓厚兴趣的是：人们对麦卢卡蜂蜜药用功效的研究不断推进，进而带动了人们对麦卢卡蜂蜜以外的、世界各地其他蜂蜜的医学研究，甚至诞生了被称为"MEDICAL HONEY"（药用蜂蜜）的全新科学领域。

"麦卢卡蜂蜜的药用功效在于一种特殊成分，这一成分被命名为 UMF（Unique Manuka Factor[1]）"，当我看到这句时，心情十分激动，刹那间忘掉了自己咽部的不适，甚至觉得原来的那种辣丝丝的疼痛都感觉不到了。

在此之前，我曾研究、区分各种植物精油的功效，并据此制作出适合不同皮肤状态、皮肤类型的各种香皂、美容润肤膏的配方，而现在我意识到，自己其实已经在不自觉地根据蜂蜜的不同功效，把"药用蜂蜜"应用于实践中了！想到这一点，内心不禁欢欣雀跃。

哈哈——上了年纪而出现的咽部不适并非坏事呀！看来，活得长还是蛮有用的。

1．参阅第 23 页。

蜂蜜该如何吃？这也是有秘诀的

就这样，我一步迈进了药用蜂蜜的广阔世界，翱翔其中。我的蜂蜜人生从此豁然洞开，对蜂蜜认知的空间维度呈几何式增长，学到了更多乐享蜂蜜——或者说是使用蜂蜜的方法。

品尝并辨别各种蜂蜜的不同味道，这一点与以前一样，还是那么有趣。而与此同时，我开始认真地思考蜂蜜的"药用功效"，在这一过程中我逐渐领悟到怎么吃蜂蜜——哪怕只是吃一小匙蜂蜜？怎么选蜂蜜？这里面都是有秘诀的。

说到这里，可能有的读者想问我，上次的咽部不适和辣丝丝的痛，后来怎么样了？

关于此事的详情，在后文中我会写到，请让我先说点儿别的。

我第一次了解到麦卢卡的有效成分 UMF 时，在当时那巨大喜悦和惊奇的震撼之下，我无论如何都想亲眼去看看——在原生林中，麦卢卡花朵盛开，蜜蜂在其间嗡嗡飞舞——为了这个愿望，我后来毅然买好机票，在春季的一天，独自一人飞去了新西兰。

如果我们了解到蜂蜜对日常的身体不适、乏力有多少功效，就会理解平时在家中常备蜂蜜确实并无夸大，可以说，蜂蜜就是一个简易家庭小药房。

在这本书中，我不仅会讲解蜂蜜中所含的哪种成分具有哪种功效，同时还会适当地穿插一些我实际尝试过的案例，希望能把蜂蜜的用法轻松而具体地介绍给读者。

今天，世界上有很多人正在服用蜂蜜，目的是杀灭胃中的幽门螺杆菌。他们曾经长期服用医院给开的抗生素类药物，但因为迟迟未能奏效而最终放弃。

还有一些人，他们没有去过医院，但也从各种途径听说蜂蜜对胃多么好，于是他们放弃了曾经依赖的市售胃药，改为每天早晚各服用一匙蜂蜜。

对严重白内障的治疗，首选方案是外科手术，但如果是预防或对较轻度白内障的治疗，其实可以用上蜂蜜。蜂蜜自古就用于眼疾治疗，近年来，医药界更是研发出了蜂蜜眼药。我自己偶尔也会用蜂蜜眼药点眼，以缓解眼部疲劳。

值得深思的是，无论最初是何种原因开始使用蜂蜜药物的人，只要用了一次，就不愿再回过头去使用以前用过的那些市售药物了。

这一定是因为，在正确使用的前提下，蜂蜜药物不仅能缓解不适，还能让使用者感觉到真的有疗效、身体真的恢复了健康。

那么，就让我们踏上旅程，去找出自己最爱的那一匙蜂蜜吧！

SPOONFUL
OF HONEY
1

第一匙蜂蜜，
选在睡前服用

你可知道"一只蜜蜂尽一生之力所采集的蜂蜜总量，其实只有一小匙"？

——琼·蒙特利埃

出浴更衣之后，已准备就寝的我，鬼使神差地又走进厨房。

拿出一把汤匙，舀出一匙蜂蜜，抿入口中——舀的时候，要小心保持瓶口的干净；抿的时候，则要注意把汤匙全部吮净。

体会着口中蜂蜜顺滑延展的感觉，品尝美梦般的甘甜，那一刻，就已进入安睡的大门了。

蜜蜂的一生，究竟是怎样的呢？我在搜寻有关"蜂生"（蜜蜂的一生）的书籍、资料时，曾多次读到这样的内容："工蜂终其一生劳作，所采集的蜂蜜合计约一匙"。我是在十年前第一次听说这句话的，而在那之前，我对此竟然一无所知。十年前，我居住在美国华盛顿州的乡下，而关于工蜂一生的采蜜量，是蒙特利埃奶酪庄园的女主人琼告诉我的。

琼女士做的特等奶酪及黄油，是当地农贸集市上的明星产品。她在农场中饲养了几十头山羊，这是奶酪和黄油的来源。除此之外，她家的农场里种了菜，有一些散养鸡，还摆放着几只蜂箱。这几只蜂箱所采的蜂蜜并不出售，只供自家享用，或用于馈赠亲友。当时，因为她很喜欢我在家自制的香皂，有时候会拿着一瓶蜂蜜来我家，以蜂蜜换我的香皂。

琼女士说过，"农场里要是没有快乐的蜜蜂，那还叫

农场吗",她经常把下蛋的母鸡、采蜜的工蜂们统一称呼
为"My Girls(我的姑娘们)"。

是的,工蜂都是雌性。琼女士嘴里的"我的姑娘
们"勤勤恳恳地从花中采蜜,再兢兢业业地将其制成蜂
蜜……关于工蜂的性别,其实,我以前应该也是知道的,
但确实从来没有真的在意过。直到那一天,我品尝到琼
的"姑娘们"用勤勤恳恳采回的花蜜酿造而成的那一匙
蜂蜜时,我才第一次走心地意识到她们的伟大性别。

对蜂蜜的热爱超越时空

雌性蜜蜂穷尽一生酿造出的这一匙蜂蜜，是供养庞大蜜蜂家族必不可少的食料。所以，对我们人类来说，这一匙的意义已经超越了味觉的快感，是蜜蜂们给予我们的最宝贵的恩惠。

那么，在我们的日常生活中，睡前的一匙蜂蜜对调理身体状况究竟起到多大的作用呢？我自己已经坚持这样做了很长一段时间了，对此有诸多切身体会。

蜂蜜是传统的健康长寿食品。

在古埃及的文献中，在印度传统医学著作《阿育吠陀》中，都记载有各种蜂蜜处方，蜂蜜在古代就是被当作药物利用的。

古罗马的大学者普利纽斯也在其著作中提到过，有的村庄百岁以上的长寿老人很多，因为这里有很多养蜂家庭，他们常常食用蜂蜜。根据当时纳税登记册上的记录，在罗马亚平宁山脉与波河之间的地域，甚至还有

135 岁以上的老人，而且还不止一两位呢[1]！

再来看看东方。中国药学专著中最大部头、也是最重要的著作，当属明朝的《本草纲目》。其中记载蜂蜜"十二脏腑之病，罔不宜之"，也就是说，蜂蜜对眼病、皮肤病、呼吸系统、消化系统……统统地有益处，可以说，是把蜂蜜认定为万能药了。

虽然在我手拿着蜂蜜瓶的时候，并未有过"一定要活过 120 岁"或是"百病全消"的豪情壮志，但在看到现代科学对蜂蜜成分的分析结果时，我真真切切地认识到，古今东西方各国对蜂蜜的赞美并非空穴来风，确确实实有其值得肯定之处。

撇开那些历史故事，只着眼于蜂蜜本身来看，蜂蜜是各种维生素、微量元素、酶、抗氧化物质的宝库，对真菌、细菌具有极强的杀灭力。起始于明治年间的《日本药局方》[2]早就把蜂蜜收录在内，直到现代的药局方中，仍将蜂蜜列为药物，它不仅是营养素补充剂，还对口腔

1．在普利纽斯根据纳税登记册所进行的人口寿命调查中，养蜂者的长寿确实令人惊叹，其中甚至还有关于 150 岁以上的记载。当然，对寿命做出贡献的也许不仅是蜂蜜哦，可能还有登记册管理者的大手笔。

2．对生药、制剂、试验法等的标准做出规定的规格性文件。由各国家及地区自行制定。第一版《日本药局方》系 1886 年（明治 19 年）颁布，截至 2015 年的最新版是第 16 次改订版。

内膜炎和口角炎有疗效。

在生活中，我们往往只把蜂蜜当作替代蔗糖的甜味剂和单纯的美食。但是如果认真回顾学习这些历史文献，我们就能理解蜂蜜的药用价值，甚至会认为，在人类与蜂蜜相处的漫长的历史年代中，当代实在是例外，是孤本。

药用蜂蜜必须具备的条件

我觉得，蜂蜜之所以被当今世人当作了蔗糖的替代品，很可能是因为市面上有太多的加工蜂蜜，这使人们逐渐遗忘了纯蜂蜜的好处。

仅过滤了蜂巢杂质的天然蜂蜜，经历了精加工或经过加糖、加热等之后，已不能期待它仍具备与天然纯蜂蜜同等的药用功效，甚至其营养价值也已大打折扣。

例如，板栗蜜、荞麦蜜、菩提树蜜等，越是颜色深且独具风味的蜂蜜，就越富含铁、铜等微量元素，补血效果就更好。这些被认为是健康蜂蜜，在德国、法国、朝鲜半岛等地一直受到人们青睐。但在日本、美国等地，这种蜂蜜就不太受欢迎，人们往往对其进行脱色除味加工，也就是去除其中的微量元素之后，才食用。

然而，在日本和美国，经历了白面包精米大行其道的时代之后，如今全麦面包、糙米开始越来越受欢迎。

所以，我想，带着期许地想，在接下来的时代里，喜欢黑蜂蜜的人可能会逐渐增加，而蜂蜜精加工的情形也会减少。

当然，纯蜂蜜并非是工蜂采集花蜜就能直接得到的。蜜蜂回到蜂巢之后，把自己采到的花蜜吐出来，以唾液中的酶混合好，移交给负责下一步骤的蜜蜂伙伴们。花蜜中所含蔗糖成分在蜜蜂唾液酶的作用下被分解为葡萄糖和果糖。这些花蜜塞满了蜂巢后，工蜂姐妹们奋力扇动两翼助其干燥，使其浓缩。待其充分浓缩之后，就要给蜂巢盖上盖子，之后又经历漫长的时间，蜂蜜才终于迎来成熟。

如果不能耐心等待上述这一自然过程的完成，急于收获，我们得到的就是没有熟透、水分很大的蜂蜜。

于是，也就出现了"加糖蜂蜜"，这是指，为了提高蜂蜜浓度，向蜂蜜中添加液体糖或"人工转化糖"（把蔗糖人工转化为葡萄糖和果糖）；还出现了"加热蜂蜜"，即为了去除蜂蜜中多余的水分，对其进行加热加工。更有甚者在蜂蜜中添加液体糖，竟然是出于增加产量的目的。

无论是添加异物，还是加热，这两种加工方式都会减少或破坏蜂蜜中原有的营养素，因此，加工型蜂蜜其实早已失去了历史上备受推崇的、蜂蜜本应具备的药用功效。

　　所以，如果我们要把蜂蜜当作美味的"药"，一定要牢记一条准则：必须选择未经精加工、没有加糖或加热的、天然纯生蜂蜜。

服用"一匙蜂蜜"的最佳时间

有了可心的蜂蜜，收集吃蜂蜜用的"蜜匙"将是下一个乐趣。当然，你完全可以认准一把蜜匙，用到地老天荒。但毕竟，这是一件每天都要做的事，不妨根据自己当天的心情来选择不同的蜜匙，就当是玩，也很有趣不是吗？

有的人认为金属匙会让蜂蜜变质，一定要用木匙，这是有一定道理的。蜂蜜呈酸性，所以应该避免使用铝匙。我一般用木匙、玻璃匙、陶瓷匙，而且我还特别喜欢用长长的药匙来服用蜂蜜，药匙是不锈钢材质，应该是没有问题的。不管用哪种蜜匙，只要我们服用的时候心心念念着"这一匙蜂蜜让我健康"，那么，那一刻抿入口中的蜂蜜，其美味就一定是独一无二的。

蜂蜜最突出的药用功效就是对受损细胞，尤其是黏膜的修复功能。

关于这一点，我们不妨来想一想。人体修复细胞、产生新细胞的最佳时间段是夜里十点至凌晨两点（一般认为，这个时间段保持优质睡眠，是健康美容的要诀）。如果理解了这一点，那么，为何我们在嗓子疼的时候，或者胃部不适的时候要服用蜂蜜，其原理也就很好理解了。

"睡前缓慢地咽下蜂蜜，相当于在受损的部位涂抹一层蜂蜜，并在随后的睡眠中获得充分休息，因此能康复得更快"。

最近还有一篇新发表的论文[1]甚至称：比起市售止咳糖浆，一匙荞麦蜂蜜的止咳效果更好，有助安眠。

因嗓子疼或咳嗽而服用蜂蜜时，应仰面缓慢转动头部，尽量延长吞咽的过程，有意识地使蜂蜜接触咽喉病患部位。

蜂蜜接触到患处时，隐隐有些辣丝丝的疼，就像贴了止痛膏药似的，让我真实感到"蜂蜜在发挥作用啦"！

但是，睡前、刷牙后，还能再吃蜂蜜之类的甜食吗？读者可能对此会有疑惑。事实上，岂止是能吃啊，如能以蜂蜜涂布整个口腔，甚至对龋齿、牙周炎都会有

1．2007年在美国发表的研究论文《蜂蜜、氢溴酸右美沙芬、不治疗对咳嗽患儿及其家长的睡眠质量的影响效果比较》。见主要参考文献［46］。

效果呢[1]！这个治疗方法其实自古有之，只不过身处现代的我们，已经被"甜食对牙不好"的说法洗了脑而已。包括我，在第一次听说蜂蜜能治疗龋齿和牙周炎时，也惊呆了。

我于是开始尝试"刷牙之后、睡觉之前服用一匙蜂蜜"，不久之后我就注意到，早晨起床之后，我的口腔内卫生状况比以前提升了一个等级。

睡前服用蜂蜜的另一个理由就是，蜂蜜具有镇静作用，可用做缓解压力的安眠剂。蜂蜜的主要成分是葡萄糖、果糖等单糖类[2]，已经不需要进一步消化，所以对胃来说非常易于接受，并能被很快吸收，因此对大脑和身体来说，蜂蜜是速效疲劳恢复剂。

还有，每天服用蜂蜜时，很自然地，会想象一下这匙蜂蜜的产地——那个花朵盛开，蜜蜂嗡嗡飞舞的地方，究竟是一幅什么景象呢？这样想着，不知不觉地，一天积攒的紧张感都慢慢消除了，与此同时，蜂蜜中的维生素和微量元素也都悄无声息地渗透到身体里去了。

仿佛看到，我们身体内那些奋战了一整天、受损而

1.《用蜂蜜刷牙吧！》（参见本书第 41 页）

2. 指无法进一步分解的糖类。

疲惫不堪的细胞们，被修复、得到安抚的温馨景象；仿佛听见，蜜蜂羽翼在耳边扇动；闭上眼睛，仿佛氤氲在花香之中；而口中还带着甘甜的回味……不知何时，已进入了甜蜜的梦乡。

SPOONFUL
OF HONEY
2

第二匙蜂蜜，
与起床茶同饮

绿茶与麦卢卡蜂蜜搭配，相当于为我们的
免疫系统阵营增派了两员大将。

——德特勒夫·密克斯
《麦卢卡蜂蜜》

我一直羡慕"朝型"的人，比如我的丈夫。

天不亮他是不出被窝的，但只要太阳一出来，他立刻就能从床上一跃而起。他说自己从小就这样，到今天，这习惯已经持续半个世纪了，我只能说，他就是这种早起的人。而我呢，则一直是起床特别困难的类型，很多年来都被弟弟称为"懒觉大王"。

对我来说，头脑最清楚、思维最活跃的时间段是晚上九点到凌晨三点这六个小时。

上小学的时候，大人总是告诫我，不许躺着看书！对眼睛不好！于是我就躲在被窝里打着手电筒看书，结果，没费什么力气，我就成了近视眼。

有时，我会在深夜里偷偷地起床，此时家里其他人都已睡着，万籁俱寂中我一个人在厨房里做些白天想做而没能做的事。长大成人以后，这个习惯也一直保持着——思考、写作、尝试新的点心配料或香皂配方，做这些事，都是夜里成功率最高。

不过，最近一段时间，也许是年龄逐渐增长的缘故，我越来越切实感觉到，晚上十点到凌晨两点这几个小时的睡眠真是太宝贵了。根据我自己的体验，从疲劳缓解程度、起床后皮肤的状态来看，这一黄金时间段内30分钟睡眠的效果，能顶得上其他时间段的

1 小时。

　　因此，我决定从"夜型"向"朝型"转变。而在我做出这一决定之后，对我帮助最大的，莫过于早晨起床之后的这一匙蜂蜜。

起床蜂蜜给大脑注入活力

人的体质是很神奇的，它不会在一朝一夕之间改变。虽然我为了改变自己的习惯，特意在睡眠的黄金时段里入眠，并且，身体也成功地从疲劳中恢复过来了，但起床之后，我的脑细胞还不肯醒来。我就那么晕晕乎乎地，看着我的丈夫，他已经干脆利落地开始了新的一天，而我，头脑混沌，简直连手和脚都不知道该往哪搁。

可是，等我刷完牙，啜入一口蜂蜜后，我的脑子瞬间就清醒了，"唰——"地一下，黑暗的夜就被朝日之光照亮了。蜂蜜的甘甜在口中一点一点扩散的感觉，就好像眼看着夜色笼罩的大地，一片接一片地亮起来。

如果每天服用一匙蜂蜜是为了保持身体活力的话，那么，最好选择在睡觉之前[1]，因为这个时间服用，能最

---

1. 一小匙蜂蜜的热量约 20 大卡（约等于白糖的三分之二），对此心里要有数。据说，睡前服用蜂蜜有助于安眠、熟睡，还能提高睡眠时身体燃烧脂肪的效率。

好地发挥蜂蜜和睡眠对细胞的再生修复作用。

但如果在上述功效之外，还希望把蜂蜜当作"药物"来服用的话，那么起床之后立刻服用肯定是最好不过的了。

这是为什么呢？原来，蜂蜜中所含糖分与蔗糖的成分不同，几乎已经完全被分解为葡萄糖和果糖，因此，它能对着那些还没清醒过来的脑细胞直接发射醒脑"燃烧弹"。

不仅如此，蜂蜜还是一颗"营养炸弹"，它富含的各种营养素是以人体易于吸收的形式存在的。例如柠檬酸、葡糖酸、琥珀酸等有机酸，淀粉酶、葡萄糖氧化酶等酶，维生素 B1、维生素 B2、维生素 B6、烟酸、叶酸、泛酸、胆碱等维生素 B 群及很多其他类维生素等，这些营养素均衡地存在于蜂蜜中。蜂蜜中还含有总计 20 种氨基酸，以及钙、铁、铜、锰、钾、镁等总计 27 种微量元素，还有多酚等各种抗氧化物等。在一天开始之际，要想补充人体需要的营养，蜂蜜真是再合适不过的选择。

起床后，先把蜂蜜当作激活大脑的"药物"小啜一口，随后，再把它当作"早餐的一部分"来吃，也别有乐趣。

在法国，很久以来人们就有早餐时吃蜂蜜的传统，不止一个小瓶，装着不同蜂蜜，与果酱等一起排列在早餐桌上，供人们随心选择。

年轻时，我坚定地认为"早餐一定要认真吃饱"，所以每逢住宿宾馆，吃那里的自助早餐时，我总是取很多培根、火腿、鸡蛋等所谓美式或英式早餐，当时还自以为赚了。但是随着年龄的增长，我越来越认识到，其实另外一种早餐更有其存在的道理：起床之后的醒脑咖啡或红茶，配上一点面包和天然蜂蜜，也就是所谓欧陆式早餐。

面对着好几种蜂蜜，犹豫不定地想着"配我自制的酸奶，到底选哪种蜂蜜好呢？"这种思考，对刚起床的大脑来说，还真是一项不错的醒脑运动。

在中国，有一种小吃摊上卖的豆花，在软软嫩嫩的豆腐上淋上蜂蜜，这吃法很受欢迎。我在家自己试着做过，发现不仅是凉豆腐这样好吃，温热的豆腐这样吃也很美味。在天气寒凉的早晨，冰冷的酸奶难以入口时，对肠胃来说，这温乎乎的蜂蜜豆腐真是一种不错的选择。

如果选用接近于黑蜂蜜口感、富含微量元素的荞麦蜜、板栗蜜、甘露蜜（honeydew honey[1]）等，浓浓地淋在豆腐上，再按自己的口味撒上芝麻粉或抹茶的话，那就是营养满分且不刺激肠胃的最棒早餐啦！

---

1. 小昆虫吸取树液，分泌出露（dew）状甘甜体液，蜜蜂收集这些甘甜体液后，在酶的作用下形成其极强抗氧化作用、口味浓厚的蜂蜜。近年，对这种蜂蜜的医药功效的研究取得显著进展。是欧洲传统的人气蜂蜜。

蜂蜜已经成为自然疗法的明星

本章开头引用的《麦卢卡蜂蜜》（Manuka-Honey）一书，是 2014 年在德国出版的纳努卡蜂蜜专著[1]。作者德特勒夫·密克斯是"德国蜂疗法协会"的专家，多年来一直与医生们共同从事药用蜂蜜在疾患治疗中的实践与研究。

在欧洲，很久以来就有以蜂蜜、花粉（pollen[2]）、蜂胶[3]、蜂王浆[4]、蜂针[5]等治疗疾患的传统，这一切统称为

---

1. 见主要参考文献［2］。

2. 工蜂在采集到的花粉中加入酶，混合后团成丸状，外表涂上蜜，贮藏起来使其发酵后的产物。是优质蛋白质、氨基酸、酶、维生素、微量元素的集合，又被称为"蜂面包（Bee Bread）"，与蜂蜜一样，都是由蜜蜂制作的重要食料。被人类视作神奇食品之一。

3. 原本是植物为了保护嫩芽而分泌的树液，工蜂将其采集并添加分泌物后即形成蜂胶，埋设在蜂巢入口处或间隙内，用于防止外敌和细菌入侵。

4. 又称"王浆"，是工蜂分泌的乳白色黏液。是特供给蜂王的大餐。

5. 有一种"蜂疗"技术就是用蜂针刺入患部或穴位，利用蜂毒的药理效果促进血液循环、消炎镇痛。

"蜂疗法"。蜂疗法的核心，即至关重要的基本"药物"，就是蜂蜜。

二十世纪 80 年代，新西兰发现"麦卢卡蜂蜜中存在一种特有的、其他蜂蜜所不具有的抗菌治愈成分，但具体是什么物质还不清楚"。二十世纪 90 年代，这一有效成分被命名为"UMF（Unique Manuka Factor）"。麦卢卡蜂蜜超群的抗菌功效的机理在科学研究中终于被探明，随之而来的是蜂蜜在疾患治疗中的应用越来越多。围绕这些所进行的全面的科学研究也被带动了，且日趋活跃。

到了 2008 年，德国的一家研究机构公布了最新科研成果，麦卢卡蜂蜜中所含有效成分的"正身"——"MGO（Methylglyoxal，甲基乙二醛）"从此名闻天下。从这一刻起，蜂蜜更是走上了医药品的圣坛。

读到这里，想必有很多人会开始憧憬了："没准蜜蜂在我家附近采的蜜里也有什么特殊药用成分呢！"呵呵，这还真说不准哦。要知道，自古以来，在世界各地，蜂蜜一直都是被人们视为"药物"的啊[1]！

新西兰就这样开创了蜂蜜江湖上的一代伟业。而继承这一伟业、继续在研发的道路上高歌猛进的，是它的

---

1. 在新西兰，以探明当地天然植物蜂蜜中所含独特有效成分为目的的研究蔚然成风。瑞瓦瑞瓦（别名新西兰金银花）就是其中有代表性的一例。

邻国澳大利亚。研究数据显示，生长在澳大利亚东部海岸地带的活性胶藤（Jelly bush）蜂蜜[1]，以及生长于西部原始森林中的桉树[2]蜂蜜，都具有与麦卢卡蜂蜜类似的强抗菌功效。

糖尿病并发症的足部顽固感染症，曾经只能以施行截肢术来根治。然而多例临床记录显示，当采用以蜂蜜涂于患处的治疗方法之后，患者最后得以免受截肢之苦。于是，继新西兰的麦卢卡之后，"药用蜂蜜"领域又涌现了好几位明星，都是来自澳大利亚的蜂蜜品种。

以这样的势头发展下去，将来全世界的各种蜜源花儿，会不会纷纷高调宣布自身具有独特的功效呢？想到这里，我真是按捺不住内心的喜悦，满心期待地盼望着那些消息早日公布。

---

1. 被称为澳大利亚的玛努卡，含同类有效成分，但蜂蜜的口味、外观性状与玛努卡完全不同。

2. 生长在澳大利亚西部的一种桉树。因抗腐力超强，过去一直被视为优质木料，近年来因药用蜂蜜的缘故名声大噪。

"蜂蜜与维生素C一起摄入"，这是关键

其实，现在还有一样物质受到世界性关注，其治疗效果与蜂蜜相同，那就是绿茶。

蜂蜜疗法专家德特勒夫·密克斯在其著作中提到了六种物质，它们与蜂蜜疗法的核心物质——蜂蜜搭配起来，就能提高人体免疫力、显著提高疾患治疗效果。这六种物质中，绿茶排名第四，仅次于蜂胶、花粉（pollen）、蜂王浆。排名第五和第六的分别是芦荟和肉桂。

绿茶中所含的儿茶酚可谓大名鼎鼎，对此，我在本书中也将会做出说明。不过，我之所以推荐早晨起床之后的蜂蜜要与绿茶组合，最主要的原因是绿茶中富含维生素C。换句话说，虽然蜂蜜中所含维生素非常丰富，但唯有维生素C的含量略显不足[1]。

---

1. 有一种看法认为，含酚类物质的茶会妨碍蜂蜜中铁元素的吸收，因此应避免蜂蜜与茶同时摄入。还有一种建议说，蜂蜜与茶，两者的摄入时间应相隔30分钟左右。

"蜂蜜＋牛奶"被认为是全营养食品，于是，美国有一位冒险心十足的学者做了一个实验：每天只摄入 100 克蜂蜜和 1200 毫升牛奶，不吃喝别的任何东西，且连续三个月每天如此。实验进行的三个月的时间里，这位学者始终保持着生龙活虎的状态。实验结束后，他的体检结果显示：身体各项营养状况正常，唯有维生素 C 略低于正常水平（据说在他饮用橙汁后，该症状立刻得到了缓解）[1]。

早晨起床时，是人体吸收天然活性维生素 C 的最佳时间，因此，起床后的蜂蜜绿茶非常有利于人体补充维生素 C。如果担心绿茶中所含的咖啡因具有刺激性，不妨选择玫瑰果、木槿、柿叶茶等代替绿茶。

1.《成年人仅靠摄入牛奶蜂蜜减脂的临床生化学研究》。1944 年在美国发表的研究论文。见主要参考文献［45］。

肉桂与蜂蜜是另一组黄金搭档

我再来说一个与早餐相关的话题。

与绿茶相类似，肉桂与蜂蜜搭配也是免疫力超强的组合，是对各类疾患具有治疗作用的营养剂。关于肉桂的用法，德特勒夫·密克斯的建议是：满满一小匙肉桂粉，与一大匙麦卢卡蜂蜜调和成糊状，然后按自己的喜好和身体状况适量服用[1]。

既然如此，那么，直接在肉桂吐司上涂抹蜂蜜，这也是健康的早餐咯。

具体方法是：在面包片上涂抹美味黄油，撒上肉桂粉，再烤成吐司。或者，先把面包片烤好，再涂抹黄油，最后撒上肉桂粉。

不过，当今流行的蜂蜜吃法，强调酵素应以原生状态摄入，所以应注意蜂蜜万不可加热，应先烤好面包片，

1．事实上这也是蜂蜜牙膏的配方。参见第 54 页。

再涂上厚厚的一层蜂蜜，这样既好吃又保全了营养。

说到这里我注意到，其实很多传统日式糕点的配方里都有肉桂和蜂蜜的组合。不过，上面提到的肉桂吐司的吃法，比起制作糕点来说就简单多了。

在中医学中，肉桂被视为补肾药，对哮喘、更年期综合征等有显著疗效，且近来发现它与蜂蜜一样，对血糖有调节作用，因此在德国，肉桂已经被应用于糖尿病的治疗中[1]。这应该也是蜂蜜与肉桂被视为黄金搭档的原因之一吧。

烤得恰到好处的面包，肉桂、黄油和蜂蜜。

闻着这阵阵香气，你一定会想："哦，今天又是美好的一天！"

---

1. 见主要参考文献 [2]。

SPOONFUL
OF HONEY
3

瓶装蜂蜜，
最理想的应急储备食品

蜜蜂并不知道自己酿造的蜂蜜将成为谁的食物。

同样地，我们也不知道我们散发到宇宙中的精神之力，最终将被谁利用。

——莫里斯·梅特林克
《蜜蜂的生活》

日本是世界闻名的自然灾害集中的国家。地震、台风、火山喷发……几乎每天都在发生。不是山在冒烟，就是大地在摇晃；不是大雨如瀑，就是雷电冰雹。世界上怕是没有别的国家比日本更热闹了。

灾害总是毫无征兆地径直发生，因此，物资给养的供应说不定何时就会断绝——在这样的背景下，每家每户、每个人，都会考虑在平时就储备好最基本量的食品、水，以及急救箱。

在我家，储备物资中包括人均 1.8 公斤的蜂蜜。越是紧急时刻，我越要为全家人备好最爱吃的东西。

这些蜂蜜中，有产于高千穗、对马的日本蜂酿造的百花蜜，吃一口简直能香掉下巴；有风味浓郁的北海道产菩提树蜜、荞麦蜜、洋槐蜜；还有质感接近于融化焦糖的新西兰产药用级麦卢卡蜂蜜。

一想到自己家里储备的这些美味，我就浑身都是力量，心中也倍感安全踏实。

"（自然灾害）来就来吧，我不怕！"

蜂蜜是几近完美的营养剂

我在上文中也提到了，有人曾经只以蜂蜜和牛奶为食，很潇洒地生活了三个月。作为营养剂，蜂蜜几乎是无敌于天下任何食物的。

蜂蜜中的糖分是葡萄糖或果糖，因此不会给人体消化器官增加负担，易于吸收，能迅速转化成人体所需的能量。蜂蜜富含人体所必需的各种维生素、微量元素，且配比合理。

不过，如果人们只以蜂蜜为食的话，维生素 C 的摄入量就会略显不足，这种情况下，通常认为，有必要另外补充维生素 C。因此，我家的储备品中还包括绿茶粉，这是把茶叶、茶梗一起碾制而成的粉末。这种绿茶粉，只需加入开水或常温水就可以立刻饮用，而且还不会产生食物残渣。

这种吃法，能完整地摄入绿茶中所含纤维和叶绿素。所以即便一时没有蔬菜，也不必慌乱，只需把绿茶粉撒在蜂蜜上，或者把两者搅和起来吃即可。其口感近似于日本传统糕点，非常不错哦（参见《蜂蜜绿茶糖》书前插图彩页）。

我之所以储备了人均 1.8 公斤的蜂蜜，是出于以下这样的考虑。《食品成分表》显示，蜂蜜的热量是每 100 克 294 卡路里（后面简称卡）。考虑到种类不同的蜂蜜，热量会略有差异，所以我暂将其概算为 300 卡。人体一日所需热量，如果按 1800 卡计算，那就需要摄入 600 克蜂蜜。也就是说，只要有 1.8 公斤的蜂蜜，即便没有其他任何食品，也能确保一个人三天的热量所需。

当然，万一紧急时刻到来时，如果每天除了 600 克蜂蜜什么都不吃的话，从味觉感受来说真是够考验人的，何况，我们也不可能只准备这一种储备品。但是在没有燃气、没有自来水的情况下，不需要任何加工，只需打开盖子就可以直接吃，事后不用洗餐具也不用收垃圾，而且，只吃这一种食品就能满足人体对热量、维生素、微量元素的全部需求——不妨想象一下，这样的食品，"成斤成斤地摆在面前"，心里会何等欣慰啊！真是再放心不过了。

东日本大地震发生的那天，电车停运，当时我恰好在横滨与客户见面。由于电话通信已经中断，我只能一边在头脑中不自控地想象着家人被倒塌的书架压住的惨状，一边从横滨火车站向着 25 公里外的家一路小跑。曲折迂回的路上我饥肠辘辘，中途看见一间还开着门的面包店就冲了进去，记得当时我是买了两个凯撒卷。

自打有了这次经历之后，我常常想"今天也许会有不小的地震"，于是我在乘电车去较远的地方时，有时会在自己的随身包里放入约 250 毫升蜂蜜和一把汤匙。我不可能拿太大的瓶子，而且我选择的是塑料瓶，比较轻。

说真的，一旦意外发生，我们可能能想办法坚持下来，但也可能无计可施——有时候，这并不取决于我们是不是做好准备。

但不管怎样，我还是认为，蜂蜜确实是日常生活中的解忧护身符。

危机是机遇，空腹也可能是幸运

如上文所说，我在准备应急储备物品时，了解到了一个人每日三餐摄入的热量是 1800 卡，但其实这个数字并非维持生命所需的最低限摄入热量。

有一年春假，我和丈夫两个人兴致勃勃地去一家断食诊所，尝试了为期两周的断食。经过亲身经历，在最后的"before & after"（断食前后）对比中，我们发生的最大变化不是身体状况，而是意识上的变化，我们前所未有地、由衷地接受了这样一件事："原来，连续五天不吃东西根本没事！不吃东西只喝水，不会有生命危险！"

当时的具体治疗计划是：先用几天的时间逐渐减少食量，直至完全断食，之后连续五天只喝清水，然后再用几天的时间逐渐增加食量，直至恢复正常。

无论出于任何原因，其实我们根本不必为了"有一两天时间不能吃饭"而惊慌失措。理解并接受这一点，对我的身心来说都是一个重大发现，甚至可以略夸张地说，我人生中的一大恐惧从此被彻底消除，内心瞬间释然，那真是一种很棒的感觉。

为应对灾害的来临而仔细思量、做好储备，这固然重要，但灾害的来临本来就是一件意外。在哪儿发生？以什么形式遭遇？这一切都是未知数。"饿着肚子没法干活儿"，这话的确不错，但如果脑子里认定了这句话，那可能在肚子刚开始咕噜咕噜的时候，自己就"主动"进入浑身无力状态了。

断食诊所的老师是这样告诉我们的：

"空腹时的肠鸣是正常的，说明身体健康。空腹说明消化工作结束了，那些负责消化的脏器进入休息状态了——此时，我们该对它们由衷致谢才对啊！"

我回味着老师的这句话，不禁想：既然如此，当灾害来临的时候，我们何不以"借此机会正好排毒"的心态，镇定自若地对待呢？

如果家中已秘藏了蜂蜜——在上述这种心态中，在那特定的时刻，如能将一匙蜂蜜送入口中，那一匙的美味定是难以言表，蜂蜜那丰富的滋养成分，一定会浸润我们全身每个毛孔。

蜂蜜在常温下保存也不会变质，是最佳储备品

蜂蜜适合作为应急食物、储备品，还有其他一些原因。

蜂蜜具有极强的抗菌作用，细菌在其中无法繁殖，因此可以在常温下保存而永不变质。不像其他食品，一旦过了有效期就得撤换。用蜂蜜当储备品不用如此麻烦，真的很省事。

蜂蜜怕光，这一点与食用油一样，因此应置于凉爽避光处保存。准备好了之后，基本上一放就是好几年，完全不用理会。[1]

要知道，古人制作木乃伊也是会用到蜂蜜的哦。所以，蜂蜜具有抗菌作用且功效持久，那是不容置疑的事。

---

1. 不过，日本蜂酿造的蜂蜜，比起西洋蜂酿造的蜂蜜，由于在蜂巢中经历的成熟过程较长，所含生物酶较为丰富，更容易发酵。因此，必须注意一定要保存在阴凉处，如果条件有限，夏季可能还需要置于冰箱中保存。

　　话虽如此，在实际生活中"秘藏"的食品，有时候我们却抗拒不了它的诱惑，忍不住就会给拿出来吃掉。

　　紧急时刻来临，"我得打起精神来"，可是——咦？秘藏的蜂蜜呢？本来应该是储备食品的呀……

　　比如家中突然有客来访，你可能会想"哎哟，家里什么都没有，饭后的甜点怎么办呀"——看吧，这是多么完美的借口！这正是向"储备食品"伸手的最佳时刻！当然，从某种程度上讲，这种场景也的确算得上是"紧急时刻"呀！

餐桌上的喜悦，是精神的储备品

在餐台上一溜摆下几个蜂蜜瓶，有几种蜂蜜，就给每个人准备几把小匙。既然是秘藏级别的蜂蜜，无须加工，仅简单地轮番品尝一匙，就是足登大雅之堂的甜点。还可以配上几个小碟，装些核桃、杏仁等坚果，或一点点添味用的盐。

家里如有存货，不妨再来点帕玛森、康特、切达干酪，将其切成4×1×1（以厘米为单位）的条状，摆盘后，每条上分别淋以不同种类的生蜂蜜，就成了一款新式甜点。生奶酪、生蜂蜜中所含的酶有助于消化，不会给饭后的肠胃增加负担。这种甜点，不仅与咖啡、红茶、香草茶很搭，也适合与绿茶、葡萄酒、白兰地、餐后饮品等搭配。

除了这些，还可以在小号的汤吞杯（译注：日式无柄陶瓷茶杯，广口深腹）中用开水将少量荞麦粉烫成荞麦糕，上面淋上自己喜欢的蜂蜜。或者把荞麦粉慢慢和成团，用平底锅烙成一张张小薄饼，趁热浇上蜂蜜吃。

这些甜点的做法真的简单至极，但是，餐桌上的人们却可以一边品尝蜂蜜，比较着蜂蜜的产地、蜜源植物的种类，一边从容优雅地聊天——真是超赞的奢华盛宴啊。

我就这样拿出秘藏的储备品，一次次与自己最在乎的人们一起度过愉快的时光，有时候，我觉得思绪仿佛飞到了"紧急时刻"——也许，两者之间确实有些相通之处？

据说，工蜂每外出飞翔一次所采回花蜜的热量，相当于此次飞翔所消耗热量的 50 倍。

正如梅特林克所说：蜜蜂姑娘们并不知道自己酿造的蜂蜜将成为谁的食物。同样地，我们也不知道今天我们从她们那里承接而来、在笑声中积攒起来的能量，散发到宇宙中去后，将被谁利用。

今天又平安度过了，这个日子从此归于无形，多么值得珍惜。

我相信，品尝各种蜂蜜，在一匙一匙之间沉积下来的美味和幸福的感受，就是我们迎向逆境的最好储备品。

呃，或许这只是一个吃货冠冕堂皇的借口罢了……

SPOONFUL
OF HONEY
4

用蜂蜜刷牙

能去除牙龈溃疡的药物：肉桂（1份）、橡胶（1份）、蜂蜜（1份）、油或油脂（1份）。

——《埃博斯纸莎草书》[1]

---

1. 公元前 1550 年前后古埃及最早的医学文献。

"吃甜食之后应该立刻刷牙。"

"甜食对牙齿不好，吃太多甜食会生龋齿的。"

在家里或学校里，恐怕每个人都曾听到过这样的教诲吧？

我也不例外。从小一直听着这样的说法长大的我，对此没有一丝一毫的异议。所以，在我的人生即将进入后半段，却在一本来自欧洲的蜂蜜书中读到"吃蜂蜜可以防龋齿"时，我真的是大吃一惊，差一点从沙发上掉下来。当时满脑子只有一句话——"这怎么可能？！"

在那之前的几年里，我一直在使用自制牙膏，一种配方是小苏打、薄荷油、甘油[1]，还有一种配方是在前述配方中添加了肉桂、丁香粉[2]。

这两种配方的牙膏都很好用，我对此有足够信心，还曾在自己的书里详细地介绍了这两种牙膏的制法和用法。而且，我的牙医经常夸我的牙齿状态好，我也对自己的牙齿及牙龈的健康程度暗暗得意，相当自信。

用小苏打和盐这两样东西研磨牙齿，这种方式自古

---

1. 薄荷牙膏：将小苏打粉1.5大匙、药局方甘油1大匙、药局方薄荷油5滴混合搅匀即成。

2. 丁香肉桂牙膏：将小苏打粉1.5大匙、药局方甘油1大匙、药局方薄荷油5滴、丁香粉四分之一小匙、肉桂粉四分之一小匙混合搅匀即成。

以来就是传统的刷牙王道。但近年来，开始流行这样一种新的说法："刷牙，其实是用牙刷把牙齿与牙龈间缝隙中的污垢刷出来，所以，其实没有必要使用牙膏之类的研磨剂。"

关于刷牙的方式方法，有这些不同的说法也就罢了，但是甜度相当于白砂糖 1.5 倍的蜂蜜，居然能防龋齿！这该怎么理解呢？

难道说，被当作万能药的蜂蜜，除了内服以外，还能外用于洗牙洁齿、预防龋齿？

我的好奇心顿时被激起，恨不得立刻就去尝试！可是，在那本来自欧洲的书里，并未提及具体如何用蜂蜜刷牙——这可是最关键的呀——所以仅凭这本书里的这一句话，我根本无从入手。而且我读到的这句话所在的这页内容，其实是介绍一种肉桂味糕点的烤制方法，其中有"添加蜂蜜"这个步骤。

"糕点？那岂不是更容易造成龋齿吗？"这真是让我愈发凌乱了。

不过我稍做镇定之后，就想：如果我在自制的牙膏配方里加入蜂蜜的话，会怎么样呢？有人说氟能预防龋齿，也有人坚持说氟对人体有毒——听起来好吓人。在这种"用含氟牙膏刷牙需要冒着生命危险"的背景下，如果人们得知，用香甜的蜂蜜就能预防龋齿，恐怕要陷入狂喜了吧。嗯，就这么定了，我必须试试！

可是，问题又来了。蜂蜜防龋的机理是什么？需要多少分量？如何使用？在对这些都一无所知的情况下就挺身而出，万一失败，害得自己满口龋齿，那可太恐怖了。

蜂蜜能杀灭龋齿病菌

令我万万没想到的是，过了没多久，我就有了意想不到的收获，正所谓"得来全不费工夫"。

收获来自我看到的另外一份资料。这是一位日本医生关于蜂蜜疗法的著作，他是养蜂家兼蜂蜜疗法专家。在这本书里，他明确说明了使用蜂蜜刷牙的具体方法：一大匙蜂蜜，用一杯水溶解，用这杯蜂蜜水漱口，能有效预防牙周炎、龋齿，防止口臭。

书中说："蜂蜜能抑制变形链球菌的活动，从而阻止龋齿的形成。"哇，原来如此！原来是对化脓性严重创伤也有治愈作用的蜂蜜，以其著名的强大抗菌力打败了口腔内的有害菌！

这位日本医生是西医学博士，也是执业医师，他是养蜂家族第二代，德国蜂蜜疗法学会现任会员。对我来说，蜂蜜对腹痛、牙痛、烫伤都有疗效，是优质食品及药品，他的这些说法之所以很有说服力，是因为这些都是医生自幼耳闻目睹、亲身体验过的。

　　究竟"蜂蜜防龋齿"是否可行，如果自己不去实际尝试一段时间，是无法真正明了的。至此，我心存的一丝顾虑完全被打消了。

蜂蜜薄荷牙膏能使
牙齿光洁、口气清新

　　我首先尝试的是最简单的方法，即直接用蜂蜜刷牙。

　　我手边有各种各样的蜂蜜，选用哪种来刷牙好呢？考虑再三，从自己使用的舒适度出发，我选择了已经放置一年而仍然保持通透、柔滑黏稠的洋槐蜜。我用小匙取出洋槐蜜，小心地抹在牙刷上。

　　平日涂抹在吐司片上的蜂蜜，此刻是抹在牙刷上送入口中的，无论如何都有几分异样之感，但我的内心又有一点点喜悦。就这样，我迈出了用蜂蜜刷牙的第一步。

　　又香又甜，这当然是意料之中的。让我意外的是，虽然这"牙膏"里并没有小苏打之类的研磨剂，但用过之后，牙齿表面竟然也变得光洁如瓷。而且，使用过程中的感受也很不错！

　　从那天起，我就彻底成了蜂蜜牙膏的粉丝，轮番尝试用各种不同的蜂蜜刷牙。

之后的事请容我长话短说，经过一段时间的尝试后，我确信，蜂蜜确实具有打败口腔内有害菌的强大效能。

我用普通牙膏刷牙漱口，之后再喝些蜂蜜，使其遍布在口腔内，作为预防口臭、龋齿的双重保险。或把顺序反过来，先认真漱口，再用蜂蜜刷牙——用蜂蜜刷完一遍之后，已经不需要用普通牙膏再刷一遍了。也许，所谓"甜食对牙不好"的说法并不准确，准确的说法应该是"蔗糖对牙齿不好"吧？

总而言之，衡量一种牙膏对牙齿是不是好，关键在于它能不能"帮助口腔中的有益菌打败有害菌"。应急储备食品中如果含有蜂蜜的话，不仅能当作食品，还能用于口腔护理，这实在是太强大了。就凭这一点，我这辈子对蜂蜜都由衷拜服。

你是用蜂蜜"刷"牙，
还是用蜂蜜"涂"牙？

　　刷牙是一年到头每天都要做的事，我之所以选择无结晶蜂蜜，是有自己的考虑的——我想要的牙膏是在蜂蜜中加入薄荷油制成的"蜂蜜薄荷牙膏"。

　　其实，如果单纯考虑对龋齿病菌的抗菌力或预防口臭，那么单独使用生蜂蜜就足够了。但如果在蜂蜜中加入日本本土薄荷精油（薄荷油），蜂蜜的甘甜中增加了薄荷的辛辣，刷牙后，能感觉口腔更加清爽。在薄荷醇的加成效果之下，蜂蜜的抗菌功效也会大大提高。制作蜂蜜薄荷牙膏，需要蜂蜜与薄荷油充分混合，那么终年不结晶的蜂蜜当然是最好的。

　　在两大匙蜂蜜中加入薄荷油五六滴，搅拌均匀，蜂蜜薄荷牙膏就宣告制成了。将其置于密闭容器中保存，使用时，用小匙取出所需量，涂抹在牙刷上。由于薄荷油的作用，用这种牙膏刷牙之后，口气清新，感觉非常清爽。

一开始我也曾想过，是不是有结晶的蜂蜜更好用。因为结晶的颗粒可以用来摩擦牙齿，效果可能更接近于研磨型牙膏。于是我就用荷花蜜、荞麦蜜的结晶部分涂抹在牙刷上试了试，结晶与牙齿相互摩擦的感觉虽然还算不错，但与小苏打研磨剂相比，结晶的颗粒太粗了，刷完之后感觉牙齿表面有点儿粗糙。再加上我已体验到了"无须研磨颗粒，蜂蜜本身就能使牙齿光洁"的事实，所以到了现在，我已经把洋槐蜜当作自制蜂蜜牙膏的专用原料了。

如果不巧，有一种蜂蜜的味道是你特别喜欢的，但它是结晶型，怎么办呢？如果你坚持想用这种味道的蜂蜜刷牙的话，那就请不要犹豫，大胆尝试吧！因为你可以不加薄荷油，谁说蜂蜜牙膏非得是清新口味不可呀。

何况，如果你真的患有牙周病，更需要补充优质微量元素，在这种情况下，其实反而是荞麦蜜那种有结晶、颜色深的蜂蜜品种更好用呢！

在寒冷的季节，蜂蜜是否会结晶成固体，是由其中所含葡萄糖与果糖的比例决定的。果糖的比例高，比如洋槐蜜，一年到头都不会结晶，而葡萄糖含量高的，比如荞麦蜜，到了冬季就容易结晶凝固。

如需把凝固的结晶融化开，可以用小火隔水加热。需要注意的是，纯生蜂蜜具有药品功效，在温度超过40度时，蜂蜜中存留的活酵素就会因高温被杀灭。所以，在使用上述隔水加热法融化结晶时，水温不可超过60度。

蜂蜜与肉桂搭配，
曾是古埃及牙周炎处方

在医疗、美容领域中，古埃及人对蜂蜜的利用堪称登峰造极。埃及艳后克利奥帕特拉追求光洁的肌肤，曾使用蜂蜜作为入浴剂，已是人所共知的香艳故事。

于是，为了查找古埃及人"是否在口腔护理中使用了蜂蜜"，我翻阅了许多研究古埃及的植物志，结果功夫不负有心人，我真的找到了一份开头写着治疗"牙龈溃疡"的药物处方！所谓牙龈溃疡，用今天的话讲，肯定是指重度的牙龈炎、牙周病咯。

这处方里所说的药物，不是研磨牙齿表面用的牙膏，而是一种涂抹牙龈用的软膏。可以认为其中的橡胶（估计是树脂类？）和脂肪是基剂，蜂蜜和肉桂是有效成分。

原来如此啊！蜂蜜对牙齿和牙龈健康有益，这在古代就已经是自明之理了啊！可是为何时至今日，在把蜂

蜜涂抹在牙齿上的时候，我们却心生踌躇了呢？究竟是什么限制了我们对蜂蜜的认知？

在这份处方中，与蜂蜜搭配使用的肉桂，是一种非常好的口腔护理剂，这在欧美是尽人皆知的常识，就如在日本，人人都知道"枇杷叶能治肩周炎"一样。而且，我在小苏打牙膏、漱口水配方中也使用了肉桂，所以很自然地，这次在制作蜂蜜牙膏时，我不仅考虑了薄荷配方，也想到了肉桂配方。

这种牙膏做起来很简单：一大匙蜂蜜与一小匙肉桂粉混合，用汤匙充分搅拌均匀即可。蜂蜜肉桂牙膏，堪称牙龈和牙周护理的御用护理药。

等等，这好像也是御用糕点的味道啊！

"良药苦口"，不知道克利奥帕特拉所处的年代，是否也有这个说法？

SPOONFUL
OF HONEY
5

大汗之后的"蜂蜜水"
（自制电解质饮料）

"蜂蜜水是炎炎烈日下的生命之源。是田间地头的静脉输液！"

——埃夫朗·梅泽

　　在美国西部，华盛顿州东边与俄勒冈州交界的地区，因出产优质葡萄酒而越来越受到关注，在这里，葡萄园和酿造厂逐年增加。

　　来自墨西哥的青年埃夫朗所在的农庄，就是在葡萄酒产量激增的背景下应运而生的。这里的农田不使用任何化肥、农药和除草剂。

　　葡萄的种植面积有四公顷，埃夫朗的工作就是赶着两匹耕马在这片葡萄田里，在一行一行葡萄架之间松土（这可是出产美味葡萄酒的关键哦），当然，他还负责伺候这两匹马。

　　葡萄田的土里有拳头大小的圆形石头，这环境与法国隆河谷地区相似（château、neuf、du、pape 的产地）[1]。用传统的铁犁来翻这种土，对人、对马来说，都是重体力劳动。然而，正因为有这样的调理，才能确保土壤内部总有小草和新鲜的空气入驻。因为，能酿出美酒的葡萄，必须是生长在松软透气的土壤中的。

　　初夏的一个早晨，西拉（Syrah）葡萄[2]田鲜花盛开，蜜蜂们在灿烂的晨光中飞来飞去，嗡嗡地忙碌着。稳重强干的耕马 Zepo 此刻刚刚停下自己的工作，它全身都是

1．法国南部葡萄酒产区，所产葡萄酒风味浓烈，体现了强烈日照、土壤多有尘石、有天然生香草等当地环境特点。

2．葡萄品种名。系法国南部隆河谷地区出产主要红葡萄酒用葡萄。

汗，冒着水汽。在 Zepo 身后扶犁的埃夫朗，此时也停下脚步，从身边拿出一个没有标签的矿泉水瓶来。

他汗水浸透的脸上带着灿烂的笑容，简单地对我说了一句"这是蜂蜜水"，然后就咕咚咕咚一口气喝下半瓶。

我问他"（蜂蜜水）是每天自己在家做好带过来的吗？"，他说是。

"在蜂蜜里加一点盐，用水化开，再挤点儿青柠汁在里面，提前一晚放在冰箱里冷冻。第二天带去田里，等我把葡萄田耕好的时候，这瓶蜂蜜水基本上能解冻一半吧。给 Zepo 喂完饲料，接下来就是打理菜地、照料农场的牲畜了。等干完这些活儿，瓶里剩下的一半蜂蜜水基本上也都化开了。500 毫升一瓶的蜂蜜水，一上午我能喝掉两瓶，一天下来，在田间喝掉的蜂蜜水总量大概是两升吧。"

在农场或酿酒厂里工作的人们每天吃的蔬菜、鸡蛋、牛奶、部分肉类，都是在农场里自产的——虽说最后拿出去当作商品销售的东西其实只有葡萄酒，但农场经营者并不因此就认为田里只应该种植葡萄一种作物，那并不自然，也不健康——埃夫朗的工作内容也包括采摘、收获这些农产品。埃夫朗说，支撑他完成所有这一切劳动的动力之源就是"蜂蜜水"。

蜂蜜是电解质饮料的理想原料

　　我们来仔细分析一下埃夫朗的蜂蜜水的原材料，就会发现，这个配方非常适合作为中暑时或发高烧需要补水时的电解质饮料，或所谓的运动饮料。

　　看着劳动后的青年大口喝下蜂蜜水时那充满活力的喉结，我仿佛看到，蜂蜜水中所含的能量正经由他年轻的身体不断注入耕作的土地中，给生长中的葡萄送去活力和甘甜。

　　蜂蜜是能量源泉，也是微量元素和维生素的宝库——不过唯有维生素 C 的含量略显不足，而埃夫朗的蜂蜜水中，恰恰以青柠或柠檬很好地补足了这个短板。

　　还有那一点儿盐，能补充出汗时身体流失的钠以及其他微量元素。

　　"哇，还真是很科学啊！"我对埃夫朗的蜂蜜水不由得肃然起敬了。同时，我对他的蜂蜜水的配方也产生了兴趣，于是我开始着手尝试，先计算好盐分、糖分、维生素 C 的分量，最后研制出了简单且美味的"自制电解质饮料"配方。

我经过多次尝试后最终确定的配方如下。

· 水 500 毫升

· 天然蜂蜜 2 大匙（约 40 克）

· 天然盐四分之一小匙（约 1.5 克）

· 鲜柠檬（或青柠）汁 1 大匙（15ml）或 维生素 C（抗坏血酸[1]）原粉四分之一到二分之一小匙

要知道，很多市售的电解质饮料中都是加了蔗糖的，如果我们认为它对身体有益而常常喝的话，久而久之身体就会因为糖分摄入过多出现问题，在儿童身上甚至可能诱发儿童糖尿病，需要特别提高警惕。

虽然与蔗糖同样具有甜味，但蜂蜜中所含果糖和麦芽糖却不会给我们的胰脏增加额外负担，因此，如果饮料中使用的是蜂蜜而不是蔗糖的话，胰脏就会发挥其自有的调节作用，保持我们的血糖值稳定在一定界限以下。

基于这一机理，在选用蜂蜜时，在意血糖值的人可以放心地选择果糖含量较高、不易结晶的类型（典型代

---

1. 上述蜂蜜水配方中的维生素 C，如果选用柠檬汁，成品中易吸收的活性维生素 C 含量约 15 毫克；如果选用抗坏血酸，则成品中（非活性）维生素 C 含量约 1200 ~ 2400 毫克。相比之下，选用抗坏血酸，更易于调整成品中维生素 C 的含量，确保摄入量。

表是洋槐蜜），而且因其较容易溶于水，用它制作饮料，也更易于操作。

制作饮料时，如果重点考虑的是微量元素尤其是铁的补给，那可以选择颜色较深的天然蜂蜜（代表是荞麦蜜或板栗蜜）。

如果你想成为享用蜂蜜的达人，请牢记这两句话："蜂蜜中所含果糖与葡萄糖的比例，可以通过观察蜂蜜的'结晶状态'来判断；微量元素的含量可通过观察蜂蜜'颜色深浅'来判断"——这是我经历了多年实践后掌握的经验，这可是吃蜂蜜、用蜂蜜的诀窍哦。

不过我还要补充一句。在应用上述诀窍时，最关键的一点就是：一定要选用真正的纯天然蜂蜜，千万注意避开那些为防止凝固而添加了液体糖等糖分的蜂蜜，或经过加热处理的加工蜂蜜。

上述配方表中的盐分含量是上限，适合因运动或发高烧大量出汗之后补充水分，在实际制作时，可根据当时的身体状况调整盐的分量（参见第 168 页）。

使用方便的日本药局方维生素C

蜂蜜水中添加新鲜的柠檬或青柠汁后，能保鲜一整天，这一天内无论何时饮用，味蕾都能感受到新鲜饱满的悦动感，那味道实在是太赞了。这美味来自榨汁时从果皮中迸出的天然芳香成分与果肉中新鲜维生素C的完美结合。

但是，我们并不能保证自己手边随时都有可供榨汁的新鲜柠檬或青柠呀。

生活中难免出现一些不巧的事——舒舒服服地泡个澡后口渴难耐之时，顶着烈日大汗淋漓地回到家中时；或是不幸出现腹泻、发烧症状，紧急需要补水防脱水时——却发现，家里没有柠檬了……

家中如能常备维生素C粉，我们就可以在需要的时候随时自制"我家牌"电解质饮料——蜂蜜水了。维生素C粉与新鲜水果不同，是可以长期储备的。不妨把它与蜂蜜一同设定为"应急储备物资"，有备无患。

我在上文提到过，蜂蜜已经被列入日本药局方指定药物，其实维生素 C 粉也一样。在药店就能买到，商品名是"抗坏血酸（或 L 抗坏血酸)"。它是用于生产含维生素 C 成分的营养剂及化妆品、食品的原料，质地为干爽粉末，味酸，常被称为"原粉"。

诺贝尔生化奖获得者、美国的莱纳斯·鲍林博士，生前曾大力推崇维生素 C 对流感和癌症的治疗作用。在93 岁去世之前，他为了自身健康管理，坚持每天服用维生素 C 原粉。

以前我也曾购买过维生素 C 片作为常备的营养剂，但后来发现维生素 C 粉比维生素 C 片要经济得多，而且还更易于吸收，没有其他多余的成分。最难得的是，由于它是粉末状，在调整用量的时候真是太方便了，所以现在，我已经不再购买维生素 C 片，只用维生素 C 粉了。

在制作蜂蜜水时，可以按我提示的配方，根据自己的喜好，在 500 毫升水中加入四分之一到二分之一小匙的维生素 C 原粉。四分之一小匙原粉相当于 1200 毫克维生素 C，请据此推算一下，找到适合自己的用量吧！[1]

---

1. 关于维生素 C 与蜂蜜，更为详尽的内容见《蜂蜜、维生素 C 联手，与看不见的敌人战斗 I》（参见 129 页）。

在不同的季节，不同的身体状况下，享受自己喜爱的美味

自制蜂蜜水时，因所选用的蜂蜜、天然盐的种类不同，成品的味道、外观会有巨大差异，给自制过程平添几分乐趣。制作者可以根据季节或自己的身体状况，从自己喜爱的蜂蜜和盐中选取合适的原料。

洋槐蜜，质感柔滑，味道清淡。用它制成的蜂蜜水的色泽也很淡雅。如果恰巧手边有特别美味的新鲜柑橘，那么请不要犹豫，一定要选用洋槐蜜来配合制作蜂蜜水哦！这样制成的蜂蜜水，能最好地发挥出柑橘的风味，堪称优雅享受。

感觉不舒服，可能要感冒时，我会下意识地拿起北海道产菩提树（椴树）蜜。这种蜜，味道中带几分黄油般的厚重，质感也是黏稠的。菩提树的花，在印度和法国自古以来就被用于治疗感冒，也是香草茶的原料之一。

在香草店中，有一种香草，商品名叫"莉丹"，其实就是菩提树的花和叶子。天然菩提树蜜中含有菩提花粉，因其易于吸收，是感冒发作时温柔而强大的康复后援军。

呈深褐色、能品出微量元素的味道、质感接近红糖膏的甘露蜜蜂蜜（Honeydew honey），因其中含有大量活酵素，被称作营养炸弹。是制作营养饮料的理想原料。

如上所述，原料搭配的方案其实可以有 N 种，所以，不妨选出一种味道合心意、价格适中、易于制作、使用方便的"自己特供蜂蜜"吧。我们家的"特供蜂蜜"，多年来品种历经变化，现在用的是新西兰产苜蓿花蜜。

不过，历经这么多年，我也深深领悟到：蜂蜜之旅真的没有终点。只要一想到未来的人生路上还会与全新的蜂蜜相遇，我就忍不住微笑。

SPOONFUL
OF HONEY
6

蜂蜜化妆水和蜂蜜浴

HONEY

吃蜂蜜吧！它使你姿容更美、头脑更聪明、身体更强健。

——《吠陀》（公元前1000余年时印度最早的圣典[1]）

---

1. 主要参考文献 [19]。

　　在古印度、古埃及，乃至古罗马，蜂蜜都被当作最佳药物使用。根据外用、内用等不同用途，蜂蜜与不同的草药是如何搭配的，这些处方在古医学书籍中有很多记载。

　　蜂蜜还常常被用作香料或化妆品的基剂。蜂蜜是克利奥帕特拉最爱的美容用品。我常常坐在浴缸里，出神地想象着"蜂蜜浴"的传说。这传说，曾为克利奥帕特拉高高在上的王妃地位推波助澜，让她的形象越发威光四射。

　　真的，想象一下当时的场景吧！蜂蜜历来都被医生当作药物看待，而此刻，药（蜂蜜）罐却是从克利奥帕特拉浴室的化妆品柜中取出来的——见此情景，前来幽会的罗马大帝恐怕也会感到意外，不禁说一句"啊哈"吧？

　　紧跟着，罐里的蜂蜜被倒进了浴缸，玫瑰花瓣撒满了整个卧室，一切如梦如幻，就连克利奥帕特拉身边的侍女都已如痴如醉，惊叹无语了吧？乃至后来，在她们向外人讲述这一切的时候，只剩下了一句"要说克利奥帕特拉王后的蜂蜜浴呀，那可真是，啧啧……"

　　当时的亚历山大是地中海世界的中心，一座豪华绚丽的城市。

　　姑且不论"假如克利奥帕特拉生活在今天，她会往浴缸里加入什么"，事实上，从那个时代起，蜂蜜就被当作治疗各种皮肤病、创伤、烧烫伤的最佳药物，到了今天，蜂蜜的美肤功效更被验证是千真万确的。

　　我在上文中提到，蜂蜜的药用功效已经被现代医学再次证明，"药用蜂蜜"的概念从南半球和欧洲起源，首先在医界传播。而起源和传播的发端，正是那几项针对"蜂蜜用于治疗皮肤严重创伤、烧烫伤等"的研究。

用蜂蜜护理晒后皮肤

"现代医学再次发现蜂蜜作为烧烫伤治疗药物的价值"，随着这方面资料、文献越来越多，我家的"蜂蜜化妆水"（"Honey Water"）也越来越多地登场亮相了。

有几篇临床报告论文[1]的主要内容是"用蜂蜜治疗癌症放疗中因副作用所致皮肤及黏膜受损，效果很好"，自从我了解到这些论文后，就有意识地为防止晒伤而多多使用蜂蜜化妆水了。这是因为，虽然放射线与紫外线的波长不同、对皮肤的损害程度差异很大，但两者对皮肤造成损害的机理几乎是完全相同的。

蜂蜜化妆水的做法非常简单。在 100 毫升水中，加入二分之一小匙自己喜爱的天然蜂蜜和一挖耳勺量的维生素 C（抗坏血酸）原粉，充分溶解后，灌入化妆水瓶中即可。

1．参考文献［47］、［48］、［49］。

被紫外线灼伤的皮肤用上这种化妆水，真是太舒服了。如果能在冰镇后使用，那效果就更好了。

蜂蜜化妆水需要置于冰箱中冷藏保存，而且要在一个月之内用完，所以，我总是趁它刚做好、还新鲜的时候大量使用。不要吝惜，全身都可以多多使用哦。

说到这儿，我忽然又忆起一个场景：在葡萄田里劳动的埃夫朗，在炎炎烈日下，在劳动间歇，他先用灌溉水管冲头、冲手，然后把蜂蜜水拍在脖颈、胳膊和脸上。

蜂蜜化妆水是我最喜爱的基础化妆水之一，其实我在 15 年前写的一本书里就介绍了它的配方和制法。基于当时的客观认知，我在书中阐述的蜂蜜化妆水的功效还仅仅是"因含糖分而拥有的柔滑保湿效果"。

不过，在那本书里我还写了"夏秋之交，蜂蜜化妆水有利于晒后皮肤褪色"这样的文字，想必当时我在实际使用后，确实感到了蜂蜜化妆水对晒后皮肤护理的良好效果吧。

我对紫外线轻微过敏，回想起来，从写那本书的时候起，我很自然地就把蜂蜜化妆水列入自己最喜爱的化妆水之一了，这应该也是因为在潜意识里感受到了它的防晒功效吧。

那时候，我认为最好的烧烫伤药物是薰衣草精油，所以，在强烈日光照射之后，皮肤发烫或出水疱疹时，我还特意用薰衣草化妆水（"Lavender Water"）来护理呢。

　　时至今日，随着对"蜂蜜治疗烧烫伤"的研究不断深入，我在防紫外线时，又有了新的选项，这真是一件值得高呼万岁的好事啊！（关于晒伤之外的烧烫伤护理，将另外论述，参见第 84 页。）

散发蜂蜜芳香的化妆水令人愉悦

据说，蜂蜜化妆水（Honey Water）在 18 世纪时曾广受青睐。有一本书中说到，"乔治·威尔森曾经担任杰姆斯二世的药剂师。他认为，蜂蜜化妆水能使皮肤柔滑，而且其香气是最令人愉悦的。"[1]然而，仔细看其配方，其实使用了多种含芳香成分的精油，貌似并非蜂蜜自身的香气令人愉悦。

而我非常喜欢蜂蜜那甜甜的、如原野花朵般的天然香气，所以在自制蜂蜜化妆水的时候，我是绝不会添加精油的。

蜂蜜本身散发出来的香气，和把蜂蜜化妆水涂抹在脸上、胳膊上、身体上之后散发出来的香气，是完全不同的。仔细嗅一嗅，胳膊上隐隐散发的香气是那样自然而健康，独一无二。如果我更换其他品种的蜂蜜，那么

---

1. 参考文献［13］。

制成的化妆水，颜色和香气也会改变，仔细体会这些细小的区别，是充满乐趣的事。

为了更好地享受蜂蜜的香气带来的愉悦，进一步提高晒后护理的效果，我这次介绍的新配方与15年前相比，有一些变化。

首先是蜂蜜的分量改为四分之一到二分之一小匙，提高了化妆水中蜂蜜的浓度，而且不再使用柠檬酸，而是改用维生素C（抗坏血酸）原粉作为防氧化剂。提高蜂蜜浓度，是出于提高保湿效果的考虑，而这一适用浓度上的变化，也正体现了15年的岁月给我的皮肤带来的变化吧。

对，就是这样，蜂蜜的用量是根据自己皮肤的状态决定的。一定要找到最适合自己的那个用量哦！

紫外线灼伤护理，薰衣草蜂蜜浴

把蜂蜜当作入浴剂倒在浴缸里，其效果相当于在全身涂抹大量蜂蜜化妆水。

哇，这感觉，好奢华！

根据浴缸的实际容量，取两到三大匙蜂蜜至茶杯中，带着汤匙一起拿到浴室去。

可能会有人担心："蜂蜜浴，会不会搞得身上黏黏糊糊的？"不用担心，你只会为光洁的皮肤和蜂蜜的保湿效果惊叹！

浴缸中加入蜂蜜后，浴室中并不会弥漫蜂蜜的香气，蜂蜜只需要承担起皮肤护理的职责即可，而香气，我会用自己喜欢的精油来实现。把精油滴在茶杯里的蜂蜜上，用汤匙充分搅拌后，倒入浴缸水中，使其溶解。

如果希望重点护理紫外线灼伤，我推荐使用薰衣草精油，因其对烧烫伤、创伤具有治疗效果，与蜂蜜配合使用，也许会出现相乘效应。

一次入浴的精油用量是四到五滴，一定要与蜂蜜充分拌匀。

如果还想更讲究些，蜂蜜原料可选用薰衣草蜜。

把被强烈日晒搞得疲惫不堪的身体，置于浴缸热水之中，舒舒服服地闭上眼睛，尽情体会蜂蜜水给身体带来的柔滑感触，耳中仿佛听见蜜蜂们欢乐地振翅，眼前仿佛看见它们飞舞在薰衣草花田之中……此时此刻，我的全部身心都被清澈的空气和清幽的香气包围了。那一瞬间，我不禁想，恐怕连克利奥帕特拉都不曾见过这样的梦幻美景吧！

忘却所有烦恼，在蜂蜜和花儿的世界里与这美景艳遇，我是何等的幸运啊！

"啊，今天一天，多美好！"这一刻是只属于我的入浴时光。

SPOONFUL
OF HONEY
7

蜂蜜软膏和蜂蜜创可贴

蜂蜜能缓和炎症及溃疡，软化口角溃疡，促进痤疮及化脓性伤口的愈合。

——希波克拉底

小时候，奶奶常常叮嘱我："要是嘴唇觉得干，就直接涂点儿蜂蜜啊！"直到今天我还清楚地记得这句话。

从那时起我就想，"用蜂蜜润唇"应该算是典型的家庭疗法吧？也就是所谓的"奶奶的智慧"。

后来我了解到，天然蜂蜜在日本药局方中已被明确指定为"医药品"。好奇的我设法弄到了一份药局方蜂蜜说明书，看了内容后，真是吃了一惊。因为，说明书中原原本本地写着奶奶说过的话："用于嘴唇皲裂粗糙，可直接涂抹患处"。

我当时不禁想：蜂蜜润唇这件事，没准真是奶奶们最早发现的。但是，药局方是药品专家和负责机构的人员制定的，他们难道会仅凭奶奶们的口述，就把这事记入药局方、并公之于众吗？不用多想，这肯定是不可能的。

于是我开始搜索关于蜂蜜的"润唇功效"方面的资料，在这次追根溯源式学习的过程中，古希腊医学之父希波克拉底关于蜂蜜功效的论述进入了我的视野，与我迎面相遇。

蜂蜜对各种创伤、皮肤及黏膜损伤、炎症有很好的治疗效果，这一点，在最近几年的科研活动中已经获得印证。

而且，蜂蜜对全身各处创伤的治愈其实都是有效的，但为什么"嘴唇"这个部位会被特殊强调呢？答案是：正是因为希波克拉底 [1]。

《希波克拉底的誓言》第三部中有这样一个我行我素的、勇敢的理想："基于自身能力和判断出发，尽最大努力为患者选择认为适合他们的养生方法，绝不使用明知不好的、有害的方法"，我想，这本书对生活在当代的日本药局方的审定医生们来说，仍是一本带着权威光环的著作吧。

从古代的医学之父到现代医学，世世代代，人们都视"蜂蜜是最佳润唇膏"为真理。

说实话，对幼时的我来说，蜂蜜并非是最佳润唇药物。因为它太甘甜太美味，以至于我总是忍不住去舔嘴唇。涂抹在唇上的"药"就这样被我吃掉了，结果是干裂的嘴唇总也不见好。

小时候吃药，大人每每挂在嘴边的就是"良药苦口"，所以一想到蜂蜜这么甘甜美味的东西居然是"药"，我总觉得怪怪的。

几十年后，我长成了"大人"，真的理解了蜂蜜对创伤的愈合功效后，才用理智克制住自己不去舔嘴唇，让蜂蜜真正发挥了它的润唇功效。

1．主要参考文献［19］。

其实不一定非要等嘴唇出现干、裂再用蜂蜜，平时就可以用它来护理嘴唇，预防干裂。使用了蜂蜜润唇膏后的嘴唇柔软而滋润，带着健康的光泽，感觉真不错。

呃，我又陷入了遐想——用蜂蜜护理后柔滑甘甜的红唇，希波克拉底医生会不会格外喜欢，要多看几眼呢？

蜂蜜对创伤、烧烫伤有特效

回顾日常生活，我发现在我家，蜂蜜的药用功效发挥最多的情形就是烧烫伤导致的水疱，或是淋巴液渗出的创伤（当然，如果是严重创伤的话，一定要去医院治疗）。

虽然我不再像孩子那样来回奔跑，不会重重地摔倒而把膝盖擦破皮，但难免还是会受一点伤的。比如，偶尔在做饭时不小心被烫，或是切菜时被割伤，或是撞在什么地方蹭破皮之类的。

举个具体例子，做饭的时候，锅里溅出的开水或热油落在皮肤上，会导致烫伤。在我家，都是先用冷水局部降温，之后进一步处置。常用的基本"疗法"有以下三种：

1. 涂抹"薄荷膏"；
2. 用棉片涂抹薰衣草精油；
3. 在患处涂抹"创可贴"——蜂蜜。

关于"薄荷膏"，我以前曾在《薄荷油的愉悦》这本书中介绍过，配方是：在 10 克凡士林[1]中加入 60 滴药局方薄荷油，混合后即制成近似于曼秀雷敦（译注：日本家庭常备药。其地位类似于中国的清凉油）的药膏。不仅可用于缓解切割伤、烧烫伤、蚊虫叮咬、驱蚊虫、鼻塞、晕车等症状，还有许多其他用途，堪称万金软膏。如果家里正好有这一药膏，在烫伤时可以迅速拿来涂抹在患处。

薰衣草精油是原液，可用于治疗（或缓解）切割伤、烧烫伤，可用棉棒或棉片浸透后，涂覆于患处。或将精油原液轻轻滴于患处。

这几种方法的效果都很好，我在家中不止一次体验过。不过，烧烫伤发生时，治疗起效最快的还是蜂蜜。尤其是皮肤表面已经出现水疱时，能迅速消除水疱、治愈患处的是蜂蜜软膏、蜂蜜创可贴（或绷带）[2]。

如果是豆大的烫伤水疱，应首先用消毒针挑破水疱，轻轻排出淋巴液，擦拭干净后，用蜂蜜厚厚地涂在患处，包覆以创可贴或纱布。坚持每天早晚分别换药一次，一至两天之后，伤口彻底结痂时，就可以把创可贴或纱布

---

1. 凡士林对皮肤无刺激，因此常被用作药品基剂，以保持药效成分。药局方凡士林在药店就可买到。

2. 建议把用作外用软膏的蜂蜜与食用蜂蜜分开存放，能确保清洁，便于使用。

拿掉了。

蜂蜜不仅可以用于烧烫伤水疱的护理。希波克拉底还说过，"（蜂蜜）能促进化脓性伤口的愈合"，而且近年来，已经有医生在实践中证实了这一点，并发表了研究报告。报告中指出，对那种难以结痂的渗液或化脓性伤口，最好用的软膏莫过于蜂蜜。

蜂蜜为何具有抗菌作用

　　薄荷、薰衣草等的精油中所含的芳香成分，具有抑制细菌繁殖、提高人体免疫力的功效。同样地，蜂蜜也具有非常强的抗菌、灭菌作用。近来，蜂蜜的抗菌作用的科学机理已被揭秘。

　　蜂蜜中的糖分浓度高达80%，在渗透压的作用下，菌群因体液被吸干而被杀灭。这一说法，在很长一段时间内被认为是蜂蜜抗菌的机理。除此以外还有一个说法，即：蜂蜜的pH值为3.2～4.9，属弱酸性，在这样的弱酸中，细菌无法繁殖。

　　然而，蜂蜜的抗菌能力之强，远非上述两个说法可以解释得清楚的。最近，科研成果证明：蜂蜜中不仅含有具很强灭菌能力的葡萄糖酸，还含有葡萄糖氧化酶，它能生成具有强大灭菌能力的"过氧化氢"[1]。

　　说到过氧化氢，它首先是消毒液过氧化氢（俗称双

---

1. 过氧化氢的抗菌作用，在光照、空气、热环境中发挥不稳定，因此，蜂蜜应装在不透光的瓶中保存，或是置于避光处保存。

氧水）的主要成分。

我想起自己上小学的时候，因膝盖擦破了皮，我去了学校保健室。当时保健室的老师就是用双氧水给伤口消毒的，那时，看着伤口那儿咕嘟嘟地冒着白沫，觉得一阵阵杀的疼，疼得我忍不住把身体蜷成一团。现在想一想，如果当时老师使用的是蜂蜜呢？有效成分同为过氧化氢——但是伤口肯定不会疼的，不是吗？

如上文所说，蜂蜜中的糖分使其具有丰富的保水性，这一特点能促进伤口附近水疱中含有废弃物的淋巴液尽早排出。在水疱形成之前，如能尽快用冷水冷却患处，涂上蜂蜜，再以创可贴或纱布包覆，很多时候，是可以避免水疱形成的。如果令人讨厌的水疱已经形成，只需挑破后，把针孔处仔细擦拭干净，用"蜂蜜绷带"包扎好，很快就会好起来，而且不会留疤。

蜂蜜创可贴、蜂蜜绷带的好处在于能吸收伤口处的脓或淋巴液，而且在将其拆除时，患处不会感觉疼痛。

除创伤或烧烫伤之外，蜂蜜创可贴、蜂蜜绷带还具有很多用途，例如，能缓和因化脓、淋巴液渗出导致的皮肤湿疹——在我家，我就经常用它来治疗湿疹。

比如我丈夫，他从小手上就爱生湿疹，伴有特别细小的水疱，还会发痒。最近他也说，在患处涂抹蜂蜜，再贴上创可贴，真的比什么办法都灵。伤口很快结痂，而且很快就能止痒。

对已具抗药性的耐性菌, 蜂蜜能发挥强大作用

　　近年来，糖尿病患者们因罹患感染症，且抗生素已经难以治愈这些症状，导致肢体局部溃疡，甚至面临着失去手、脚的危险，这就是令医生们棘手的"糖尿病足"。有的医生在无计可施、绞尽脑汁之后，偶尔想到了希波克拉底说过的"蜂蜜绷带"，于是将其用于糖尿病足的治疗中——万万没想到的是，肢端溃疡症状竟然痊愈了！这一类临床报告接连不断地面世，蜂蜜的抗菌作用因此愈加名声大噪。

　　那么，细菌会不会对蜂蜜产生抗药性呢？实验结果表明，虽然实验结果未能揭示蜂蜜抗菌的机理，但人们认为，细菌对蜂蜜确实是不会形成抗药性的[1]。

　　不仅是糖尿病患者，在其他人群中也存在耐性菌引

1．主要参考文献［53］。

致的感染症，目前在全世界范围内这都是一个大问题，每年都有不少人因此失去生命。21 世纪，救世主降临到了现代医疗的舞台上——相信接下来它还有巨大的潜力值得我们共同期待——是的，这位救世主，就是奶奶们爱用的蜂蜜。

我多想问问希波克拉底老先生，问问他对今天发生的这一切有什么见解和感受，以及他对今后的医疗如何展望？可惜，这只能是我的一个美好想象。

如果想要尽可能多地看到今后医疗将如何发展，恐怕除了努力活得久一点，别无他法吧？我一边这样想着，一边每天一匙蜂蜜，继续着我的甜蜜生活。

SPOONFUL
OF HONEY

蜂蜜面膜和蜂蜜洁面膏

蜂蜜入药之功有五：清热也；补中也；润燥也；解毒也；止痛也。生则性凉，故能清热。熟则性温，故能补中。柔而濡泽，故能润燥。甘而和平，故能解毒。缓可去急，故能止心腹、肌肉、疮疡之痛。和可以致中，故能调和百药，而与甘草同功。

——《本草纲目》[1]

1．中国明朝执业医、药草学者李时珍（1518—1593）编纂，本草学集大成之作，出版于李时珍殁后的1596年，1607年传入日本，经日本的本草学者小野兰山整理后，以《本草纲目启蒙》之名于1803年刊行，对江户时期的药学发展影响巨大。

大约 25 年前，我结婚了。新婚旅行一共 2 个月的时间，先后去了东南亚、中国。

我的丈夫是美国人，他的专业是当代德国文学，他曾经长期在欧洲居住，但对包括日本在内的亚洲完全没有接触过。所以新婚旅行时，我们选择了跟以前去过的地方不一样的目的地，打算多花些时间到处转转。

经中国香港从广州口岸进入中国大陆时，我丈夫说他有种异样的感觉。因为，在新加坡、马来西亚、印度尼西亚、中国香港等地时时可见的英文忽然没了踪影。这是一个只使用汉字的国度，他生平第一次感到胆怯。

"都交给我好了！"我一副大包大揽的架势对他说。

"我虽然不懂中文，但我能读懂汉字呀，到餐厅吃饭的时候，想吃什么尽管跟我说吧！我保证把你想吃的菜给你点好。"

于是我丈夫说他想吃鸭肉，我根据这一要求，在菜单里找到了"鸭"字。没想到，端上桌来的竟然是好大一盘炖鸭掌！我丈夫说，从那一刻起，他对自己的婚后生活就做出了一项重大决定："事情绝对不能交给她"！

唉，我确实太急于立功，反而给搞砸了。

不过，毕竟我是日本人。如果能静下心来仔细研究的话，在破解汉字谜团这件事上，还是比全然不认识汉字的欧美人强一点的！

本章开头引用的文字，就是我对汉字博闻强记的证据哦。话说，《本草纲目》诞生于 16 世纪，也就是中国的明代，是一本生药学专著。日本的读者们，你们真的可以泡上一杯茶，静下心来，仔细研读研读这段文字。

即便不能完全地从字面上理解这段古汉语，但蜂蜜究竟对美容和健康有多么大的作用，应该是深深地印刻在你们的脑海中了吧？

蜂蜜能杀灭有害细菌，清洁皮肤

　　无论东方还是西方的古典文献，都同样平实地叙述了蜂蜜具有的药用功效。了解了这一切后，我愈发认识到蜂蜜的珍贵。及至后来，当我进一步地得知这些功效在当代也已得到科学证实时，我也并不感到惊奇。渐渐地，蜂蜜护肤的机理越来越深入我心。

　　在本书蜂蜜软膏的章节里，我也提到了蜂蜜能打败耐性菌的强大抗菌能力。蜂蜜中所含过氧化氢能杀灭有害细菌，同时对皮肤上的有益常在菌却不会造成损害。

　　蜂蜜的这一特点，使其在对痤疮、粉刺的护理中能够发挥非常好的效用。这是因为，治疗痤疮粉刺的关键点，其实就是要与其致因——痤疮丙酸杆菌、黄色葡萄球菌等持续不断地交战，直到将其彻底打垮。

　　明白了这一点之后的我，当脸上不知为何又出现了痤疮，看见那冒出尖来的小白点时，不再慌忙，洗完脸之后，用指尖挑一点蜂蜜涂在上面，使那个白点完全被蜂蜜包裹住。

有时候赶上我要外出，不能脸上带着这蜂蜜点出去，我就用棉棒蘸一点薰衣草精油涂在上面。蜂蜜和薰衣草精油两者的治愈效果都不错，不过，相比之下，确实还是使用蜂蜜后的愈合速度更快些。

比如像上面说的这样涂抹蜂蜜或薰衣草精油，从涂到患处，到痤疮完全消失，如果用薰衣草的话要两天，而用蜂蜜的话大约只需要一天——这是我自己的实际体验。

蜂蜜的用途还有很多。即便是没有痤疮或粉刺的烦恼的人，也可以用它深度洁面，去除面部的油污，或是做成蜂蜜面膜、蜂蜜润肤露使用。

两种极简蜂蜜洁面方法

我先介绍最简便易行的第一种方法。这就是：在自己惯常的洗脸动作完成之后，紧接着用纯天然蜂蜜进行第二次深层洁面。

用粗粝的蜂蜜结晶洗脸，感觉肯定很不舒服，所以一定要选用无结晶、柔滑的液态蜂蜜。如果自己喜爱的蜂蜜已经出现了结晶，可以连瓶置于60℃的温水中，耐心等待其融化。

无论是液态蜂蜜还是已结晶的蜂蜜，都应注意不要使其温度超过40℃，这是因为40℃以上时，生蜂蜜中活酵素的功效会受到抑制。

具体用法：取适量（约两小匙）蜂蜜于手心，均匀涂抹于整个面部，用手掌和手指仔细按摩面部的每个角落，这样能使毛孔中的油污浮出，与蜂蜜充分混合。当然，这个过程中，可以一直享受蜂蜜那如丝绸般柔滑的触感哦。

这种洁面，不仅舒服，而且还能抗菌，杀灭皮肤上那些不知藏在何处、肉眼看不见的有害菌，怎一个"爽"字了得！

按摩得差不多了，就用清水洗掉脸上的蜂蜜，蜂蜜洁面即告结束。

蜂蜜中所含糖分具有保湿功效，因此，用蜂蜜洁面之后，皮肤会柔嫩细腻。

如果皮肤表面出现很细小的干纹，用蜂蜜洁面时，有可能感到一点点杀的疼。而当蜂蜜进了眼睛时，也会觉得隐隐有种被蜇的痛感。

这时千万不要紧张。这种痛感是因为蜂蜜对黏膜的炎症有出众的疗效所致，甚至还可以用作眼药——关于这一点，我会在后面的章节里讲到。

再来说说第二种简便的方法。这就是：先把自己平时惯常使用的洁面用品（例如香皂或洁面油等）取于手心，加入一小匙蜂蜜，混合均匀之后洁面。必要时可再重复一次。

上述洁面之后，可以接着使用蜂蜜化妆水（74页）爽肤补水。

为什么说蜂蜜对皮肤黄斑色斑有效，能使皮肤美白？

在欧洲，有"蜂蜜能祛色斑"、"蜂蜜对皮肤有漂白作用"这样的说法，这些都是"前人教给女人的美容智慧"，常常在女性之间流传。

"金发护理要用蜂蜜、黑发护理要用糖蜜（即红糖膏）"，这是众所周知的，还有晒后要用蜂蜜化妆水（Honey Water）护理皮肤等等，这些方法应该都来自那些古老的智慧。

不过，她们口口相传的"（蜂蜜对皮肤的）漂白作用"，究竟是什么原理呢？总不能说，因为蜂蜜能促成过氧化氢的生成，所以蜂蜜就像过氧化氢制成的"酸性漂白剂"那样，具有漂白作用吧？

无论是黄斑色斑被祛除，还是粗糙的皮肤恢复了原来的细嫩，这里面都有一个不可或缺的过程：受损的旧细胞被代谢掉，再生的健康新细胞取而代之。皮肤重现细腻柔和的纹理，皮肤表面不再凹凸起伏，而是呈平滑的弧线，这样视觉上就会显得更白嫩。

蜂蜜能快速治愈皮肤表面创伤，是因为其具有足够强大的促进细胞再生的能力，这就是欧洲女性之间流传的"蜂蜜的美白作用"的秘密吧！我就是这样理解的，不知道对不对？

即效蜂蜜美容面膜，
入浴时的蜂蜜面膜

　　马上就要出门，可是今天怎么化妆就是不上妆啊，哎呀好烦！如果你遇到此类场景，不妨跟我学一招，自制一两分钟就能搞定的救急品——"蜂蜜美容面膜"。

　　洗脸之后，先用化妆水拍透面部皮肤。再选自己喜欢的天然蜂蜜一小匙，再加入五滴自己喜欢的美容精油，比如橄榄油（适用于干性肌肤）或玫瑰果精油（适用于油性肌肤）等，双手合掌轻轻互搓，使蜂蜜与精油充分混合。

　　把混合好的蜂蜜精油涂在已经吸饱水分的面部皮肤上，注意确保每个细小部位都涂到。静待一两分钟后，用温水冲洗干净。这时你会发现，皮肤表面的细纹已经不见了，皮肤变得光滑平整，易于上妆。多年以来，这款即效美容面膜已经不知道救了我几百次的急了。

当然，如果想充分享受自己喜欢的蜂蜜带来的护理体验，那还得说是晚间入浴之时。

躺在浴缸的热水中，让全身放松下来。

洗干净的脸上此时已经涂好了天然蜂蜜面膜。

上周用的是西西里岛的柠檬蜂蜜，今天用的是来自熊野的日本蜂采集的日本蜜。这香气和味道，令人想起马斯喀特葡萄的水嫩欲滴。如此美妙的蜂蜜，真不知蜂儿们是如何采集酿造出来的！就让我闭上眼睛，享受这梦幻一刻吧！虽然肉眼看不到，但可以想象：就在此时，身体皮肤表面的那些可爱的有益常在菌们，也在开心地蹦跳呢！

出浴前，还可以顺手把脸上的蜂蜜涂抹到全身，再简单冲洗掉，此时，全身肌肤光洁如瓷。

这种效果，去泡温泉是实现不了的，这是在自己的家中才能体验到的奢华享受。

SPOONFUL
OF HONEY
9

蜂蜜眼药

"无针蜂蜂蜜"是用于治疗白内障的传统眼药，这个事实多么出人意料、但又多么令人着迷啊！这是古美洲原住民的传统土方，而且在玛雅文明的官方药典中也出现过。

——帕特丽西亚·范洁斯

　　蜂蜜自古以来在世界各国就被当作眼药使用，这是我从听闻中得出的结论。

　　举一个例子。公元前 1700 年的古埃及文献中，有这样的记载："眼疾治疗，可将蜂蜜发酵后，加入长角豆的豆荚，捣碎后敷于眼部"。这段文字是大约 20 年前我在一本《法老的秘叶：古埃及植物志》[1]的书中读到的，大约 20 年前。我记得当时自己满脑子都是问号："长角豆是什么？"

　　又过了一些年，直到大约 8 年前，我才终于得到了答案。长角豆（Ceratonia siliqua），原产于地中海地区，是一种低卡路里、富含铁钙等微量元素、营养价值很高的超级食物。在前些年的美洲天然食品热潮中屡被热议的"角豆果（carob）"，就是这种豆科植物的豆荚的果肉。

　　角豆果，味微甜，口感和颜色与巧克力相似，而又不含咖啡因，不必添加蔗糖就可以成为可可或巧克力的替代品，是一种美味、颇受欢迎的糕点原料。令人开心的是，现在，在日本也能买到角豆果粉了（所属商品范畴是天然食品、糕点原料），它是用长角豆豆荚果肉研碎制成，外观接近于可可粉，可以直接食用，还可以用来制作糕点。

1．主要参考文献［12］。

我就此认识到了长角豆（Ceratonia siliqua）的真实面目。不过，当我听说只要把它与发酵后的蜂蜜混合起来点眼，眼疾就会痊愈，而且还是法老的秘方时……虽然我也会点着头说"嗯嗯，有道理"——但一想到要把它滴到眼睛里，我还是有几分心惊，无论如何不敢亲自尝试。

如果拿现代医学资料与古埃及医学文献对照着看的话，我对后者中的很多内容是能接受的。但也有很多内容带些"邪"气，看了以后让我想起"医巫本一家"这句话。当然，我对这些内容不以为然，"老话说得好"的说法，在这些古老文献里还真不一定成立。

我还从书中得知，古埃及人最早甚至连角豆果粉都不用，直接把蜂蜜往眼睛里滴，我当时认为，这真是一种愚昧的蛮勇。

但是后来我了解到，不只是古埃及，在古印度的典籍《阿育吠陀》中，也把纯天然蜂蜜定位为治疗白内障、眼部创伤、缓解用眼疲劳等的药物。

就这样，我不断地从各种途径，陆续地听说：蜂蜜无论内服还是外用点眼，对眼睛都是如何如何的有好处。

因为工作性质，我常常长时间地坐在电脑前，看屏幕久了，眼睛常有发干的感觉，再说长年累月这样用眼，用眼疲劳也是不可避免的。

我有时候忍不住会担心：除了用生理盐水点眼，给干眼补充水分以外，还有什么好的护眼方法呀？要知道我本来就是近视眼，随着年岁增长，以后的视力肯定是越来越差，那可怎么办呢！

"蜂蜜对黏膜有修复作用"，这一点我是知道的。

但是，实际生活中只见过现代式眼药的我，无论如何都不敢把黏糊糊的蜂蜜直接滴入眼睛里——直到有一天，我认认真真地看完了一本文集，收集的全都是现代医生发表的蜂蜜用于眼疾的治疗报告，再加上我也意识到了自身的危机，告诫自己必须找到缓解用眼疲劳、防止视力下降的办法。我的"不敢"，终于改变了。

蜂蜜对白内障、角膜炎、结膜炎以及眼部老化、充血、用眼疲劳的治疗报告

有一次，我忽然发现，自己的视力一下子下降很多，大大不如从前。

那次视力下降的起因是有异物意外进了一只眼睛，导致眼结膜受伤。虽然伤口并没有很疼，但因为这只受伤的眼睛被包起来了，我坐在电脑前时只能用另外一只眼睛看屏幕，于是这只好眼睛很快就陷于疲劳状态了。

我照例又想起了这句话："蜂蜜能缓解用眼疲劳。"说真的，想起这句话的时候，我根本没有想过要给我那只受伤的眼睛点蜂蜜眼药。

一个星期过去了，眼伤痊愈了，可我却受到新的打击。因为，与受伤前相比，痊愈后的两只眼睛视力都大大下降了！

不采取任何措施，顺其自然？好像不太好吧……

　　我从书架上抽出了一本书。其实这本书一直都在我的书架上，但我并未认真读过，对这本书的内容的认知，多来自耳闻。想到自己这一次怕是要成为蜂蜜眼药的亲身试验者了，我决定把这本书认真地读一遍。

　　这本书名为《蜂蜜与替代疗法在医疗实践中的可行性探索》[1]，也是一本文集，主要收集整理了一些研究论文。包括医院是如何在创伤及黏膜治疗中使用蜂蜜的，蜂蜜所具有的抗菌作用、增强免疫力作用、抗炎症、抗氧化作用、细胞增进促进作用等的机理……书名中使用了"替代疗法"的表述方式，可以说是医疗研究者们希望"以科学的观点来解释蜂蜜医疗"的一次尝试。而且，这本书的日译本也是经过专业医学家审校的。

　　我在读这本书的同时，还搜索了一些关于眼部疾患或创伤的信息。因为眼睛也属于黏膜组织，眼病与胃溃疡、口腔溃疡等一样，都是蜂蜜疗效最显著的疾患范围。

　　本章开头引文的作者帕特丽西亚·范洁斯，是这本书的作者之一。她在文中提道：南美洲自古以来就用蜂蜜治疗白内障，直到现代，委内瑞拉、墨西哥、巴西等国家的医院仍在使用蜂蜜治疗白内障。

1．主要参考文献［19］。

　　无针蜂是一种罕见的蜜蜂。它们的储蜜罐、也就是蜂巢，与普通蜜蜂用蜂蜡筑成的蜂巢不同，是用蜂胶筑成的。蜂胶中的抗菌成分渗透到所贮藏的蜂蜜中，因此，无针蜂蜂蜜比一般蜜蜂酿造的蜂蜜治病效果更好[1]。

　　彼得·莫兰博士，一位曾经把新西兰麦卢卡蜂蜜定位在"药用蜂蜜"金字塔塔尖的专家，在这本书中对常见的蜂蜜治疗进行解释时，也提到了印度、俄罗斯在角膜炎、结膜炎的治疗中使用蜂蜜的情况。

　　印度、俄罗斯使用的应该不是无针蜂蜂蜜或麦卢卡蜂蜜，而是当地蜜蜂产的天然蜂蜜，不过这一点儿也不妨碍它同样具有抗菌、抗炎症、抗霉菌的作用。在这些国家，蜂蜜同样出现在结膜炎、角膜感染炎症、眼部烫伤等疾患的治疗处方中。

　　除了这些作者和文章之外，书中最让我感动的还有一张照片，看到它，就感觉有人在用手温柔地摩挲我的后背，对一直不敢用蜂蜜点眼的我说："你看，没事吧？"

　　照片中，结膜炎患者正大睁着眼睛，向眼睛里点蜂蜜眼药。

　　埃及、印度、南美、俄罗斯、新西兰。无论哪一块

1．2006年的研究项目，课题名称《无针蜂产出有效物质之机能的探明与利用》，相关报告概要登载于国立研究开发法人农业、食品产业技术综合研究机构的主页上。

大陆，从古至今，绵绵不绝，人们都在用蜂蜜点眼。我也试着点一次吧？我相信，就算有不适，也不会有大问题的。

何况，我的两只眼睛已经疲惫不堪了。尤其是最近，眼部疲劳的症状日渐严重，如果前一晚工作到太晚的话，次日早晨起来时，总是觉得眼睛还没有休息过来。听说有一种疲劳导致的眼病叫"青年性白内障"，治疗此病的唯一途径就是，在没有发展到那一步之前，小心防护。

多年前，我曾在美国西海岸的一家食品店内看到一本杂志特辑，我读过其中一篇访谈录。面对记者的提问，阿育吠陀的医生的答复如下：

"蜂蜜不仅可以用于治疗眼部创伤或眼病，还可以用于缓解眼疲劳或充血，以及预防白内障。蜂蜜还有让白眼球更白的美容效果呢。用蜂蜜点眼，会感觉杀得疼，会流泪，但这个过程对眼睛是有好处的。蜂蜜对眼睛还有清洗、解毒、为玻璃体供给养分的功效。"

我记得当年的自己看完这篇访谈后，只是一笑而过。哪知道这一生，自己的这双眼睛，与蜂蜜邂逅的时机，直到今天才成熟啊！好，那就开始吧！

给眼睛贴上膏药一般的舒适感

俄罗斯的用法是用水将蜂蜜稀释为 20%～50% 的蜂蜜溶液后使用。印度市面上出售的阿育吠陀蜂蜜眼药中，蜂蜜的占比多为 50%～70% 左右，其余部分则是香草等添加成分。

而委内瑞拉的做法是直接使用蜂蜜而不经稀释。

我习惯于尽可能选择不用费心费力准备或保存的方法，所以我选择了直接用蜂蜜点眼。而且，准备的步骤和蜂蜜接触的工具容器越少，蜂蜜的清洁度就越有保障。

无针蜂蜂蜜中含有独特的（源自蜂胶的）"+α"抗菌成分，同样的，麦卢卡蜂蜜中也含有一种其他蜂蜜所没有的独特抗菌成分，即甲基乙二醛（Methylglyoxal=MGO），这正是这两种蜂蜜抗菌功效特别强的原因。所以，我选择眼药，最后选定了在日本也能轻松购得的药用级麦卢卡蜂蜜[1]。据说，这两种蜂蜜还具有富含微量元素的特点，

---

1. 设定活性度不低于 10+ 的麦卢卡蜂蜜为普通药用级。

这对眼睛也是有好处的。

说到具体的点眼方法，最简便易行的就是用棉棒。不过一定要注意，平时存放棉棒时务必保持其清洁，而且，存放蜂蜜时也要把食用蜂蜜和药用蜂蜜分开，置于阴凉的橱柜中，或将点眼蜂蜜存放在专用的避光容器中。

用棉棒的一端挑起蜂蜜，对着镜子，轻轻地把一到两滴蜂蜜压在下眼睑或眼球表面，使之从棉棒落入眼中，然后转动眼球，使之均匀涂布到整个眼中。

"哇——杀得疼！"疼的感觉随着蜂蜜传递到眼里每个角落，接着眼泪就扑簌簌地流出来了。这感觉就好像是在眼睛上贴了膏药似的，但不可思议的是，这种"杀"的感觉居然很爽。这是一种能让人上瘾的感觉。

不一会儿，眼球会充血发红，五到十分钟之后，痛感和充血状况逐渐缓和，眼睛感觉轻松了、视觉更清晰，白眼球看起来更清澈。感觉眼中的污物杂质都被洗去，眼球从里到外都被冲洗干净，焕然一新了。

用自己的眼泪洗眼

据说，干眼症患者一旦对生理盐水或一般眼药形成依赖的话，其眼睛自身的流泪能力就会衰退。

如果用蜂蜜点眼就可以避免这个担忧。用蜂蜜点眼，眼睛会很自然地流泪，自己的眼泪不仅能滋润眼睛，还可以清洁眼睛[1]。如果眼睛因受到紫外线或放射线刺激导致怕光，用蜂蜜点眼还能有消炎功效，促进黏膜愈合，让眼部变得轻松舒适。

早晨起床时如需清洗眼睛，不妨用蜂蜜点眼。晚上就寝之前也可以用蜂蜜点眼，这样可清洗白天进入眼中

1．有的人在花粉症高发或沙尘季节，特意用蜂蜜点眼，以泪洗眼。同时，不仅是眼睛，在鼻炎、鼻腔干燥症等鼻部黏膜症状的护理中，如果用天然蜂蜜涂抹患处，据说效果不错。如果起因是花粉症，那么无论是鼻腔干燥症还是鼻黏膜干燥或创伤，用棉棒（为了能伸到鼻腔深处，可使用比较细的儿童型棉棒）把天然蜂蜜涂抹在鼻腔中，则不仅具有抗菌、抗炎症作用，还能防止鼻腔干燥，轻松地缓和鼻部不适。

的污物、给玻璃体补充营养。

等到眼睛逐渐适应早晚的蜂蜜点眼，并且收效渐趋稳定之后，我认为就可以减少点眼次数了，早或晚，只点一次就够。现在，我已经按照白天用眼的疲劳程度，凭自己的感觉调整点眼的频率了。

人的一生中总有几次，会由衷地感谢自己"幸亏当初如此决定"。对我来说，当初决定摆脱胆怯、毅然跨进用蜂蜜点眼的门槛，就是其中一次。

如今，对我来说，眼睛疲劳已经成了过去式，起床时眼皮不再沉重。

我的母亲，还有另外几个曾经对我的举动不屑一顾的熟人，现在也都拿着蘸有蜂蜜的棉棒，站在镜子前了。蜂蜜眼药的粉丝人数每天都在增加。

不过也有一个例外，那就是我的丈夫。他现在还在犹豫，还没有随我一起跨进蜂蜜点眼的大门。直到今日，他只要看见我用蜂蜜棉棒点眼的样子，仍然会说"太可怕了"，看到我眼泪汪汪的样子时，他更是连连摇头。

我对他说：亲爱的，你应该跟我一起哭哦，很爽的！

我每天都在热切期盼着夫妇二人一起流泪的日子尽早到来！

SPOONFUL
OF HONEY
10

蜂蜜胃药

在种类繁多的蜂蜜中，"荞麦蜜"、"板栗蜜"、"冬青[1]蜜"通常被认为对胃炎和十二指肠溃疡具有改善作用，这大概是因为这些蜂蜜中锌的含量较多。到了今天，人们已经开发出更为有效的药品，所以用蜂蜜治疗上述疾患几乎已经绝迹。但追溯历史，事实上，直到20年前为止，蜂蜜治愈胃溃疡之类的消息并不稀奇。

——宇津田舍博士（养蜂家、医师）

1.桃科常绿树，分布于关东以南的山地，每年6月左右开花。由于多生长在杂木林中，通常酿成蜂蜜为百花蜜，单花蜜易结晶，味道浓郁。

下面，就让我们以"药用蜂蜜"领域的大事为脉络，来简单回顾一下近年来药用蜂蜜是如何日益受到广泛关注的[1]。

新西兰怀卡托大学的彼得·莫兰博士，曾以新闻通稿的形式发表了"麦卢卡蜂蜜中含有一种其他任何蜂蜜都没有的特殊有效成分"[2]的论述，那还是在1991年。

2000年，BBC电视台播出了一组节目，内容是英国的五所医院共同进行的顽固性溃疡治疗项目。这个节目在全英国引发了一场旋风。

节目中，有一位少年接受了记者采访，她因罹患脑膜炎并发感染症，几乎失去双脚和双手。

整整九个月，无论会诊组采取何种治疗措施，都不能阻止少年脚部和手部感染的扩散，治疗一度陷入绝境。就在这时，玛卡奴蜂蜜登场了——没想到，使用玛卡奴蜂蜜涂抹患处仅仅九个星期之后，患处就几乎完全愈合。该报道在观众中引起了极大反响。

那个年代，正是抗生素已无法杀灭耐性菌的问题日

1. 主要参考文献［1］。

2. 麦卢卡蜂蜜特有的成分"UMF（Unique Manuka Factor）"所具有的抗菌能力已经被数值化，其特有活性度指数以"5+"、"10+"、"20+"等字样被标明在麦卢卡蜂蜜的外包装上。例如，"10+"，表示该产品具有与消毒液苯酚10%稀释液同等或更高的抗菌作用。医院用于给皮肤或医疗器具消毒的是浓度为2%苯酚稀释液。

益突出的时期。而在这样的关键时刻，向耐性菌引发的感染、治疗药物的副作用等医学界难题伸出援手的，正是"药用蜂蜜"。

在这次英国 BBC 电视台节目播出之后的几年中，在德国波恩大学附属儿童医院还出了一件世人尽知的大事：临床实践证明，罹患癌症的孩子们，因在化疗中免疫力下降，对他们的体表创伤，蜂蜜疗法比以前通常采取的消毒法、抗生素疗法的疗效更佳[1]。

时隔不久，2008 年，玛卡奴蜂蜜所含的独特强抗菌有效成分被确认是一种叫"MGO（Methylglyoxal，甲基乙二醛）"的物质[2]，由于这是由德勒斯顿工科大学的托马斯·亨利博士发现的，从此以后，德国就与新西兰齐头并进，共同成为"药用蜂蜜"研究的领军国家。

为了促进玛卡奴蜂蜜在医院和诊所的应用，相关的医药品不断地被开发出来。例如，敷药层为玛卡奴蜂蜜、

---

1. 主要参考文献［53］。

2. 自从探明了"Unique Manuka Factor 的有效成分是 Methylglyoxal（MGO）"之后，人们逐渐开始在玛努卡蜂蜜的包装标签中增加了一项数值，用这种方法标识该蜂蜜中 MGO 的实际含量。目前已知 MGO 这种物质不怕光不怕热。此外，除玛努卡蜂蜜之外的其他蜂蜜是否也含其特有成分？如果含，是什么成分？有些事情现在还没有明确的答案。通常，凡是蜂蜜，都因含过氧化氢成分而具有抗菌作用，为了表示蜂蜜的"整体活性程度"，有些蜂蜜产品上会标有 TA 值（Total 活性度）。

带独立包装的绷带和创可贴，按药品规格封装、便于服用的蜂蜜，蜂蜜含片等。

已经被证明成分有效的还不只是玛卡奴蜂蜜，在中近东地区一些自古就有蜂蜜药用传统的国家，例如尼泊尔、印度等，当地所产的优质天然蜂蜜的成分及功效也已得到现代科学研究证实，并越来越多地被积极应用在医疗实践中。

蜂蜜在传统医学、药草学领域中的表现自不用多说，随意搜索一下就会发现，2008 年以来，世界多国都有关于药用蜂蜜的医学论文面世[1]。例如，在口内炎尤其是癌症放疗副作用引发的顽固性口腔溃疡、咽喉内溃疡的预防和治疗中，蜂蜜也赫然出现在内用、外用处方中，并且在治疗中成果显著。

---

1. 主要参考文献［48］、［49］。

日本的蜂蜜博士，你在哪里？

我写了这么多，等于是把药用蜂蜜的发展历程都回顾了一遍，写着写着，我情不自禁地就会想：要是日本也有一位医师，能在蜂蜜治疗各种疾患方面发出独家之声，那该多好啊！

何况，蜂蜜现在已经是日本药局方的指定药物了，且用法也不复杂。

假如日本也能有许多关于蜂蜜的专业研究成果、临床报告面世的话，相信一定能为普通人管理日常健康、缓解身体轻微不适等，提供许多新思路、好办法的。

而且我听说，日本的医学界也正面临着对抗生素产生抗药性的耐性菌导致的感染症等难题。所以我想，应该到了蜂蜜登场一显身手的时候了吧！

日本在紧急呼唤！呼唤希波克拉底那样的现代蜂蜜博士现身！

日本的蜂蜜博士，你，在哪里？

大约在十年前，有位朋友送了我一本书，他对我说"你会喜欢的"，书名是《用蜂蜜把健康握在手中》（家庭画报副刊 2004 年合集）。就是从这本书里，我读到了一位担任文艺作品医疗监制的医生的见解。

这位医生是医学博士，自己也养蜂。在欧洲，不少医生是把养蜂当作业余爱好的。这位医生是养蜂家二代，对蜜蜂的认知相当专业，而且他在将蜂蜜用于护理、对患者生活指导方面的知识和经验都很丰富。举个例子，他在此文中就蜂蜜内服方法所提出的建议非常具体，甚合我心。

如果服用蜂蜜的目的是缓解胃炎、胃及十二指肠溃疡的症状，那么，服用时的要领就是要使蜂蜜涂布于整个胃内壁。为此，这位医生不厌其烦地指导了具体方法。"起床后，空腹喝下一杯生蜂蜜。然后躺下，慢慢改变睡姿，使蜂蜜涂布在整个胃内壁上。最重要的是 30 分钟之内不能吃喝任何东西。"

当时（2004 年），"随着治疗胃病的有效药品不断被研发出来，几乎不再有人要求使用蜂蜜治疗了"，博士在书中的这个说法让我感到，时代的变迁实在耐人寻味。

现在想来，当时这位医生的蜂蜜疗法是超然领先于时代的。

如今，十年时间过去了，依靠医院开具的抗生素处

方已经无法战胜胃内幽门螺杆菌。有确切资料表明，在
全世界各地，转而依靠蜂蜜治疗的人数在不断增加。

　　国外就不说了，在日本国内，我的熟人中就有运用
蜂蜜治疗胃病的人，而且还不止一两个。他们虽然还没
有贯彻到"喝完蜂蜜后躺下翻身"的程度，但一直坚持
服用天然蜂蜜，每天早晨起床后（服用量因人而异，一
大匙或者一小匙）、每天晚上睡前服用蜂蜜，长期坚持下
来，抗生素都无能为力的幽门螺杆菌终于被打败了。

　　"我去做了检查，（幽门螺杆菌）居然没了！医生还
问我是不是采取了什么措施呢？"我想，这种情况听得
多了，估计这些医生们也都能领略到蜂蜜的威力了吧？

对单纯的消化不良和胃胀也有疗效

　　我本人并未得过胃溃疡，也不曾有过类似症状。不过，我偶尔会有消化不良、胃痛、胃胀的情况，或是前一晚吃多了，担心次日早晨起来胃部不适等。每当这些时候，我便用一匙天然蜂蜜，不止一次地、成功地帮到了自己。

　　还有，在一小匙天然蜂蜜中加入一滴药局方薄荷油，用牙签搅拌，就成了一匙"薄荷蜂蜜糖浆"，这是我家的特有顿服胃药，专用于缓解吃多了之后的胃部不适。一匙下去，从嘴里到胃里一阵清爽，顿时觉得整个上腹部都轻松了。

　　被认为是"药用蜂蜜排头兵"的麦卢卡蜂蜜，在根治幽门螺杆菌方面人气颇高。

　　但依我的个人经验来说，就算不是麦卢卡蜂蜜，只要是未经加热处理、没有添加物的那些普通纯天然蜂蜜，其实也能很好地扮演胃药的角色，只不过，具体蜂蜜种类不同的话，治疗效果也会略有差异。

宇津田先生推荐的适合当作胃药的天然蜂蜜有"荞麦蜜"、"板栗蜜"、"冬青蜜"这样几类，原因是这几类蜂蜜都富含能强化胃黏膜的锌等微量元素。现在，市面上可供选择的天然蜂蜜种类越来越多了，其实不一定非要选择专家指定的品种不可，我认为关键在于根据自己的需求，有针对地选择那些具有相近功效的品种。

需要注意的是，蜂蜜是反映环境的忠实的镜子，如果将其当作药物服用，应对其产地的污染状况、农药使用状况、生产过程等多加留意。

梦中日本的医药蜂蜜

在南美热带地区，有一种不太"正常"的蜜蜂，叫"无针蜂"，关于这种蜜蜂，我在前面关于"蜂蜜眼药"的章节里提到过。这种蜜蜂贮藏蜂蜜的地方（蜂巢）不是用蜂蜡而是用蜂胶筑成的，因此其蜂蜜具有超群的抗菌作用和医疗功效，据说对白内障的治疗效果尤其好。

说到这里我要提一下，其实日本国内也有一些比较有特点的蜜蜂，也就是与西方蜜蜂的习性完全不同的日本蜜蜂。日本蜜蜂性格比西方蜜蜂老实，但对害虫、疾病却毫不手软。

日本蜜蜂采蜜时是不紧不慢的，所以采蜜量小，蜂蜜在蜂巢中的贮存时间因此延长，蜂蜜中所含水分挥发得更干净，蜂蜜的成熟度更好，因此比其他蜜蜂酿出的蜂蜜更香甜。

即便是由西方蜜蜂采集酿造的蜂蜜，如果蜜源是原生于日本的植物，或者蜂蜜产区在日本，那么酿出的蜂蜜具有一些独到的日本口味，也是很正常的。

　　我想，也许日本的某个地方，也藏着一种令全世界刮目相看的药用蜂蜜，它的功效过去从未被人发现并且效果惊人。

　　我的心被这样一个梦想激荡着，总也无法平静。

SPOONFUL
OF HONEY
11

蜂蜜、维生素C联手,
与看不见的敌人决斗 I

"化学"，是大自然赐予人类的工具箱。我相信，只要把工具利用到极致，就能让世界更幸福、更明亮。

——蜂窟柠檬

摘自《Disney wiki》英文版

我喜欢看古旧书籍里的那些传统菜谱，尤其是捧在手里一页页细细研读时，真的特别开心。

闲暇时，我还有一个自己很喜欢的休闲方式，那就是咽着口水，在网上输入食材名搜索食谱。同时心想：今天，在世界上的某个地方，某个人，会不会又创出了全新的美味呢？

有一段时间，我在网上输入"蜂蜜柠檬（honey & lemon）"，出来的搜索结果竟然是美国英雄系列动画影片[1]中一个角色的名字。

这个角色是个瘦瘦的、稍有驼背的可爱女孩，处事积极向上、性格开朗，是个喜欢冒险的化学天才。全世界各地的动画粉丝们纷纷在博客上晒出与蜂蜜柠檬姑娘相关的作品，例如他们精心创作的 COSPLAY、人偶等。

本章开头这句话（日文系笔者译）据说是电影中蜂蜜柠檬姑娘的台词，其英文版经常被人们引用。

我当时被这句台词吸引，"哎，这是哪句啊？什么场景下说的台词啊"？为此，我特意去看了这部影片的英文原版。

可是，经过我认真鉴定，这句响亮的台词，活泼可爱的蜂蜜柠檬姑娘在这部电影里，根本就没有说过好

1．2014 年，美国迪士尼制作的动画幻想电影《Big Hero 6》，中译名《超能陆战队》。

吗？真是太令人遗憾了！也真难为那些粉丝们了，竟然每天都在引用这句……

我感到事有蹊跷，就认真追查了一下这句话的来历，最后发现，这句话原来是电影公司在介绍片中介绍角色用的一句话，应该是电影前期制作中，在设计角色时拟的一句台词。

这部电影的行业背景设定在机器人工学、化学研究等最先进的领域，但与恶势力战斗的超级英雄的名字却是"蜂蜜柠檬"这样一个古雅的组合，实在很有意思。

看来，从古至今传承的生活中的智慧，无论在哪个时代，都不容小觑呀！

"用维生素 C 防病治病"已成常识

的确，蜂蜜柠檬姑娘性格开朗、永不言败，对他人有共情心、对实验充满旺盛的好奇心，她所诠释的正是上面这句台词。

过去，一定有不少人就像蜂蜜柠檬姑娘说"我相信"那样，立下雄心壮志，要"充分利用'化学'这一自然工具，让世界更幸福、更明亮"吧。

我举个例子，美国有位被称为"维生素 C 博士"的生化学家莱纳斯·鲍林博士，他的丰功伟绩极大地惠及后人。

鲍林博士是一位在其他领域也有各种建树的化学家，但他为我们极为平常的生活提供了帮助，从这一点来说，他对维生素 C 的研究甚至可以称为世间绝无仅有的伟业。

鲍林博士于 1970 年出版了《维生素 C 与感冒》[1]，

---

1. 原题为《Vitamin C and the Common Cold》(日译名《再见了，感冒药! 用维生素 C 赶走感冒》)。

1976年出版了《维生素C与感冒以及流感》[1]，自此以后，长期把维生素C当作营养素补充剂服用的人不断增加，遍布全球。

后来，博士又陆续发表、出版了多部关于维生素C抗癌作用的论文和书[2]，他对维生素C的研究，也不仅止于感冒的预防和治疗，而是扩展到了其他疾患，他的知名度在全世界都越来越高，他也越来越受到关注。

回头看看日本的20世纪80年代中叶，也曾掀起过一阵维生素C热潮。我记得当时上学、上班途中，在电车拉手、杂志广告、书籍上，到处都能看到赞美维生素C功效的宣传语。

到了今天，我们都已经知道，维生素C对心脏病以及其他各种疾病都有预防作用。我在美国的亲戚、朋友、熟人，几乎所有的人都在为了预防疾病而把维生素C当作营养剂服用。

因为他们都知道，如果维生素C服用方法得当，就算不小心染上感冒，也不会发展得太严重，基本上不用去医院就能扛过去。

美国的医疗费贵得超乎想象，人们不敢轻易去医院

---

1. 主要参考文献 [21]。

2. 主要参考文献 [22]。

看病，就连重感冒都不敢得。

　　说句不开玩笑的话———想到自己得了心脏病以后医院的账单，好多人就已经快要心梗了！他们告诉自己，为了不被医院的账单吓死，必须加强自我管理和疾病预防！

　　在美国，中产阶级被高额的医疗费弄到破产绝非奇事，对他们来说，患病治病有如荒野求生一般残酷。

　　而维生素 C，就是为了不让你倒毙在荒野之中，向病魔刺去的你的撒手锏。

维生素C的"适量"是多少？自己去找

在美国，有时候会遇到被人劝吃维生素C的情况，那场景就像他们在劝吃口香糖或糖果一样。劝人的人自取一粒塞入口中，同时会很自然地问旁边的人："您也来一粒？"大家都认为维生素C无论服用多少都对人体无害，并从这个角度把维生素C视为"安全食品"。

回忆我与维生素C最初的印象深刻的一次艳遇，是在日本的那次"维生素C"风潮时。算来，距今已经不止25年了。

我在阅读鲍林博士来访日本时媒体对他的访谈报道[1]时，注意到了他对维生素C服用方式的表述，真的是太有意思了！至今我还记得当年自己激动的心情。

在美国，维生素C的一天建议摄入量曾经只有60毫克（同时期日本的建议量是50毫克[2]），当时，鲍林博

---

1. 主要参考文献［24］。

2. 美国现在的建议量是90毫克，日本是100毫克。

士用了好几年的时间，大力主张维生素 C 的摄入量应以
"克"为单位，并推动其落实。

据说鲍林博士 85 岁时，通常每天维生素 C 的摄入量
为 18 克（即 18000 毫克）。这一摄入量，是基于"摄入
更多的维生素 C，能更有效地预防和治疗疾病"这一新
理论。听说，如果感觉自己快要感冒了，博士还会把维
生素 C 的摄入量再加大些。

事实上，各国的建议摄取量，是确保"不至于罹患
因维生素 C 缺乏而致的坏血症"的一个最低限量，而不
是最理想的摄入量。

在这里要顺便解释一下维生素 C 的别名"抗坏血酸"
的命名来由，在"坏血病"之前加了一个否定词"抗"，
表示这是"避免罹患坏血病的维生素"。

要知道，坏血病是一种与死亡为邻的险症，如果一
个人缺乏维生素 C 到了罹患坏血病的程度，那就已经是
非常非常严重的事了。

鲍林博士发现，超出建议量的数倍摄入维生素 C，
其实是安全的。而且，维生素 C 摄入量的增加，除了能
预防坏血病之外，还对其他各种疾病，都可能防患于未
然，或起到治疗的效果。

18 克，这个数值的确令人吃惊。但所谓"适量"，
其数值因人而异，甚至完全不同。而且，即便是同一个

人，在不同的年龄、不同的身体状况下，其"适合的量"也会出现巨大的差异。所以，最聪明的做法莫过于自己找出那个属于自己的"适量"来。

85 岁时，鲍林博士的维生素 C 摄取量为每天 18 克，据说这个剂量也是从他 60 多岁的时候、从每天 2 ~ 3 克开始起步的 [1]。

由于维生素 C 是水溶性维生素，即使摄入过量，多余的部分也会随尿液排出，没有副作用，因此不用担心。那么，如何确定适合的摄入量呢？非常简单，如果出现溏便，就说明摄入量已经足够了。

我深深为博士的话折服。因为他不仅理论鲜明，而且他还亲力亲为，把研究与实践结合了起来。他的学说令我感到安心，并鼓舞我有了亲身尝试的勇气。

最重要的是"用自己的身体，一边尝试，一边 GET 自己的适量点"，这句话，无比精准地戳中了我旺盛的好奇心。

于是我开始仔细观察自己的身体了——每天 500 毫克维生素 C，以及适合与维生素 C 同服的多维微量元素片剂——从春季开始，经过夏秋到冬，我坚持服用了一整年。

在这个过程中，我时常观察适合自己的用量和服用

---

1. 主要参考文献［26］。

时点，不断调整，从开始观察到调整到位，大概用了一两个月的时间。

坚持一年之后，虽然我还远远称不上是维生素 C 达人，但我自以为已经掌握了如何"在最佳的时点"、通过"增加服用量"来快速治愈感冒、缓解疲劳，以及"实在不想感冒"时应该如何去预防。

我自己，以及我家人，都已经用各自的身体尝试了维生素 C，并对其效果非常满意，"嗯，确实有效"！

我还在实践中掌握了自己身体状况好的时候的"适量"与重感冒导致身体状况很差的时候的"适量"之间的差异幅度。当时，我的两个"适量"分别是每天 2 克、10 克。

啊，好怀念那段时光。自己亲身尝试，真的是很有意思的一件事。

从那时起，我多了一件与感冒或疲劳战斗的新武器，多年来在实战中每每受惠于它。

因蜂蜜而与维生素C再次相逢

话说，自从找到属于我的维生素 C 的"适量"之后，我就不再服用营养素补充剂了。

鲍林博士建议：为了维护自身健康，普通人每天在服用大量（四到十克）维生素 C 的同时，应服用维生素 E 以及多种维生素、微量元素补充剂。如果我们能读些相关的书，会更好地理解、接受鲍林博士的这一建议。

我自己和家人，原本就是身体健康的，没有慢性病，就连特别严重的不舒服都没有过。所以我们并非特意为了抗癌或者治疗心脏病这种急迫的需要而去服用维生素 C。我不再服用营养素补充剂，也有这个原因。

还有，如果情绪紧张，那么无论吃进嘴里的是什么，都不会感到美味的。我比较贪嘴，就算是营养素，也希望能从美味的食物中摄取。所以，经过此番尝试，我已经确认维生素 C 对预防和治疗感冒"确实有效"，这一发现，已经大大满足了我的好奇心。我觉得自己的目的已经达到，不需继续服用了。

对多年前的这次"寻找维生素 C 适量"事件，我的个人结论是："家中平时应备足量维生素 C，足以供应必要时家庭成员集中、及时服用。例如感觉自己要病倒的时候，或特殊应急的时候"。这就把维生素 C 的"适量"落实到实际中了。

从"寻找维生素 C 适量"事件之后，又过了好几年，我遭遇了在本书《前言》中提到的那次咽部疼痛，原因不明而且反复发作。也就是那次疼痛促使我初次走进美妙的"药用蜂蜜"世界。

我与维生素 C，是命中注定的缘分，咽喉疼痛的这一次，使我有机会从完全不同的角度，与维生素 C 有了一次全新的认识机会。

具体说，是因为有好几位蜂蜜疗法的专家都对我说：如果把蜂蜜当作"药品"、有目的地服用的话，为了提高其疗效，建议补充维生素 C 或积极搭配食用富含维生素 C 的食品。

人类与世界上绝大多数的哺乳动物不同，体内是不能生成维生素 C 的。

前文里我已多次提到，蜂蜜是一种营养几乎满分的完美食品，但唯有维生素 C 的含量不能百分之百地满足需要。

然而，只要蜂蜜与高于必需量的维生素 C 搭配，就能提高药用蜂蜜对各种症状的治疗效果，而且还能增强人体基本免疫力，达到预防疾病的效果。

我第一次听说这个说法时，忍不住在心里大叫一声："等等！"

——我想起从前的维生素 C 的服用要领了：建议维生素 C 与多维元素片及微量元素补充剂一同服用。

"哇哦！"

所谓多种维生素和多种微量元素补充剂——这说的不就是生蜂蜜吗？而且，蜂蜜无法压制成市售的片剂，简直就是超浓缩版活性维生素呀！没错，就是这么回事。

"蜂蜜与柠檬"这一古典组合，"最起码它很好吃啊"，我曾经认为，对我这样贪嘴的人来说，没有比"好吃"更重要的了，现在才知道，原来，蜂蜜与柠檬的搭配其实是符合生化科学的道理的，不仅仅是好吃那么简单哦。

蜂蜜和维生素 C 同仇敌忾，
击退病毒和癌细胞

在讲述蜂蜜与维生素 C 那些美味而简单的搭配之前，我想就维生素 C 的惊人能量再说几句。

暂把蜂蜜搁下，我特意去查阅了关于维生素 C 的最新科研相关资料，没想到，又有了很有意思的新发现。

1994 年，93 岁的鲍林博士离世后，关于维生素 C 的各种研究、讨论和争论一直都在持续。有一段时间，甚至出现了"维生素 C 对感冒、癌症的疗效，其实是无法明确证实的"的说法，也就是对维生素 C 的疗效本身产生怀疑的思潮。

后来十年之间又发生了许多事，在此不复赘述。到了 2005 年，有一篇划时代的论文[1]问世，宣告了鲍林博士"维生素 C 对癌症有疗效"的主张确实是正确的。

---

1. 主要参考文献［52］。

　　这篇论文明确解释并证明了"高浓度维生素C只杀灭癌细胞，但不会对正常细胞造成损伤"的机理。以这篇论文为开端，越来越多的医生投入到维生素C抗癌的研究和实践当中。到目前为止，据说美国已有上万名医生在癌症治疗中实践了点滴注射或口服高浓度维生素C，并收到了良好效果。

　　这篇论文的核心内容是：维生素C抗癌，是维生素C在血管内生成的"过氧化氢"在发挥作用。过氧化氢在强氧化作用下能发挥杀灭癌细胞的作用，而在与正常细胞相遇时，过氧化氢会被生体酶分解掉，对健康的细胞不会造成损伤。

　　对了，我在前面《蜂蜜软膏和创可贴》、《蜂蜜面膜和洁面膏》的章节中曾经提到，蜂蜜的抗菌作用，关键成分就是"过氧化氢"。各位读者还记得这个词吗？（第87页、第95页）

　　对蜂蜜迷们来说，"过氧化氢"是蜂蜜得以发挥抗菌灭菌作用的重要成分，这个词只要出现在空气中，他们的耳朵就会像雷达一样立刻捕捉到它。

　　蜂蜜对流感病毒、致胃癌的幽门螺杆菌、致龋齿的变异链球菌、致粉刺的痤疮丙酸杆菌以及其他有害细菌，也是以"过氧化氢"这个独门武器来杀灭的。与此同时，蜂蜜中的过氧化氢对健康细胞和有益常在菌却不会造成损伤。

　　想象一下那个场面吧，蜂蜜和维生素 C 并肩作战，手持同样威力巨大的秘密武器（过氧化氢），与邪恶的病菌兵团对抗。这活脱脱就是电影《超能陆战队》中的世界啊！

蜂蜜与维生素C混合制成的"蜂蜜柠檬糖"是最强大的营养素补充剂

取一大匙蜂蜜，连匙一起放在小盘子上。加入 ¼ 小匙白色粉末状的药局方维生素C（抗坏血酸[1]）原粉。注意勿让蜂蜜溢出匙外，用牙签等很细的小棍，小心地把蜂蜜与维生素C原粉搅拌在一起。

搅拌均匀后直接送入口中，一口抿净。

哇，好酸！但又甜又香！这是蜂蜜柠檬糖的味儿啊。别忘了沾在小盘子上的蜂蜜，也都用小匙刮下来吃掉吧！这，就是我们家最强大的营养素补充剂"蜂蜜柠檬糖"的标准版本。

1．与药店出售的维生素C（抗坏血酸，或L- 抗坏血酸）原粉相同，简易包装，可邮购（属食品）。目前全球在售的维生素C原粉（无论属药品还是食品），从产地分，中国占九成，英国占一成。在日本购买时标明"国产"的，是指原粉进口、在日本国内包装。其他国家情况也是如此。只要商品确实是纯原粉就没有问题。

　　自制这种营养素补充剂的要领是：蜂蜜和添加的维生素 C 的分量需要自己细心调整至适量。而且，蜂蜜和维生素 C 的量和配比是可以调整的。根据自己一天之中的身体状况和所处场合，仔细调整至适合自己的量和配比，这真是极为便利的。

　　药局方蜂蜜用作"滋养、营养剂"（也就是内服营养素补充剂）时，虽然没有具体的服用方法说明，但有一个参考摄入量，即每天 30 克 ~ 60 克。

　　一小匙蜂蜜的重量约 7 克，一大匙约 21 克，当然品种不同多少会有差异。还有，100 克蜂蜜的热量是 294 千卡，如果能记住这个数字，在实际操作时也会很方便。

　　然后是维生素 C（抗坏血酸）原粉，在上文自制电解质饮料的章节中曾提到，服用 ¼ 小匙维生素 C 原粉，约可摄入 1200 毫克的维生素 C。

　　"一大匙蜂蜜加四分之一小匙维生素 C"，这只是我介绍的标准分量配比，其实每个人都可以根据自己喜欢的口味以及希望摄入的维生素 C 剂量，随心调整这个配比。由于蜂蜜和维生素 C 是液态和粉末态，所以调整配比是非常易于操作的。

　　如想更细微地管理自己的维生素 C 摄入量，可以换用更小号的匙，或使用以 0.1 克为计量单位的电子秤。这种电子秤常常用于称量细碎状物料，例如自制美容皂或面霜所需的香草、石泥、青金石粉，自制面包所需的干酵母等，灵敏实用。

"蜂蜜柠檬糖"居然能够如此简单地帮助我们恢复体力、增强免疫力、预防疾病，真是不可思议。直到今天，我偶然还会恍惚地想"真的假的呀"。对我来说，最令人开心的莫过于，虽然这是一种营养素补充剂，但它却有着不逊于零食的美味，而且除了有效成分之外没有任何多余的添加物。除此之外，它还能缓解花粉症等症状，是一味很好用的感冒药。

按上述分量配比制成的蜂蜜柠檬糖成品，从味道来说是维生素 C 的酸味略占上风，所以建议不要使用以口味细腻见长的蜂蜜，厨房用或烘焙用的普通蜂蜜就足够了。但有一点一定要注意：必须是未经加热处理、没有污染的纯生蜂蜜。蜜蜂们勤勤恳恳采集来的"元气之素"，我们只有全盘原样接纳，这款营养素补充剂的功效才会出类拔萃哦！

提着装满了发明品的手包，满世界飞的化学天才蜂蜜柠檬姑娘，在动画片中并没有把蜂蜜和柠檬当作实验材料。不过，很偶然地，她在一次"粉碎超硬合金"的药品试制实验中，使用了"过氧化氢"。

　　或许，是动画片的作者们也想到了"蜂蜜与维生素 C 的秘密武器就是过氧化氢"吧……[1]

---

1. 匈牙利科学家阿尔伯特·森特·哲尔吉博士（1893—1986），曾于 1928 年发现维生素 C，后来还研究证明维生素 C 的抗坏血病特性，并因此获得诺贝尔生理学医学奖。晚年时曾热衷于癌症治疗的研究。这位博士同时也是 Methylglyoxal（MGO）的发现者（1963 年发现）。MGO 在 2008 年被证明是麦卢卡蜂蜜独有的有效成分。让我们来想一下吧，在疾病的治愈的过程中，在蜂蜜与维生素 C 活跃的舞台上，除了"过氧化氢"之外，又多了一个"MGO"，真是意味深长，令人感叹。

SPOONFUL
OF HONEY
12

蜂蜜、维生素C联手，
与看不见的敌人决斗 II

去讨论如何才能消除一种公害，就好比无视其长期溃烂的内在病灶、只对外部患处采取对症疗法。

——福冈正信《一根稻草的革命》
Rode Hire PRESS 出版[1]

1．日文原著出版于1975年，英文译本于1978年在美国出版发行。书前，有英文版编辑与原作者福冈共同撰写的简短的出版说明，其中有些语句是日文原版中没有的，系作者福冈为英文版新撰写的。此处引用的就是其中一句，并由本书作者翻译为日文。

那是个夏天，我住在华盛顿州与俄勒冈州交界处的一个小村镇里，那是美国数得着的小麦产地以及酿酒用葡萄产地和葡萄酒酿造地。

我的朋友杰娜邀请我去参加一次环保活动，举办地点在附近的一所大学里，活动内容与她从事的业务有关。前一阵子她一直在忙着用石臼磨面粉，然后烤面包，估计就是为了这次活动。而且我注意到，她用来磨面粉的麦粒是稀有品种的麦子的原种。

我来到活动现场。在一个花园露天市场一角上的书摊，占了相当大的一块面积。书摊上的书多是关于农业园艺、畜产、养蜂、自然环境方面的，新旧都有。书摊主人是一位四五十岁、高高瘦瘦的男人，他告诉我说这类活动挺多的，每次参加不同的活动，在现场转转，就能对当地的农业、环保方面的情况有所了解，很有意思的。

和这位书摊主人交谈时，我忽然瞥见有七八本书，书脊上都是《The One-Straw Revolution》的字样，有新有旧，而且装订版本也不一样，既有硬装本，也有简装本。

原来都是福冈正信的著作《一根稻草的革命》的英译本。

"这本书，您收集得够全啊"，我问店主人。

"那当然咯。在自然农法、有机农法这个领域，如果没读过福冈的书，那就相当于无证驾驶啊！"他眨着眼睛回答我。

恶性循环为何难以终止

　　这个村镇位于史称"美利坚的面包篮"地区的中心地带，依托世代种植小麦的地主富农的家园建成。近年来，有越来越多有志于远离都市、投身绿色农业的年轻人和跳槽族，从加利福尼亚以及附近的西雅图、波特兰等地来到了这里。此外，由于这儿的葡萄特别好，还有好多来自法国、德国、瑞士、印度等国的葡萄酒相关产业人士远隔重洋来到这里。不过，目前这一带的核心经济，还是依赖二战之后普及的大规模谷物及瓜果种植技术。

　　所谓绿色农业，又称为有机农业，即不使用农药的农业。本地绿色蔬菜种植的名人吉姆在田里侍弄她的蔬菜作物时，那精神抖擞的样子就好像保育园的教员，而那些水灵灵的生菜、西葫芦们，就好像顽劣成性的孩子。

　　吉姆的菜地里的土，与邻近那些使用农药和除草剂、采用传统农业技术的菜地，一看就不太一样。

　　"你看这附近的其他菜地，采用的都还是传统技术。

周围的菜地洒农药时，难免会被风吹过来，落到我的菜地里，所以，我这还称不上是完美的绿色菜地啊。"她摇着头无奈地说。

"不过呢，那些毕竟是别人的地啊！我能做的就是想办法让自己这块地健康有活力。只要我这块地里的土可以自由呼吸，至少我做到了让我这一亩三分地充满活力啊。"

听了吉姆的话之后，我也开始觉得田地与人体确实非常相像了。

一个人能直接去"耕作"的，其实只有自己的身体这一块"田地"而已。

如果一个人能选择养身的食物，好好照料"田地里的土"，至少能让这一小块田地保持活力。

人的身体，其实是通过吃喝、呼吸，来与空气、地面、水保持联系，同时又是独立于环境而存在的。当世界病了的时候，人也就病了，而只要人病了，世界也就病了。人与世界之间，其实是一体的，无法隔离。

每天与土地打交道的人对"天人合一"的概念是非常敏感的，所以如果当自然界出现异变的时候，他们总是立刻进入紧张的应激状态。

美国全境一度出现过蜜蜂大量死亡的现象，那时，人们的恐慌也达到了顶点。还有一次，为了给华盛顿州一所大型苹果园授粉，人们从东部运了一卡车蜜蜂到这里来，但在临近目的地时，卡车在高速公路上发生了侧翻事故，满满一卡车蜜蜂被甩出车厢，随即四散飞去，竟然没有一只留在本地。这次令人无语的"交通"事故，让本地从事农业的人们深受打击。

为了收获廉价苹果，销往食品加工厂，我们对我们的土地，究竟都做了些什么？！

"你得多吃维生素C啊"

"3·11"东日本大地震核泄漏事故发生后，美国俄勒冈州的奶农们一度被迫停止向客户供货。原因是，在本地出产的原奶中检验出了随西风飘来的放射性物质。

污染来自大洋的另一边，万里迢迢，这真是一万个没想到。而对于华盛顿州和俄勒冈州之间的界河——哥伦比亚河一带的人来说，对核辐射的恐惧，绝不是这次才出现的新问题。因为在哥伦比亚河谷里，有一座已经停止运转的核工厂，是目前世界上最大的核设施退役项目、环保难题——汉福德核工厂。

"3·11"之后，周围的朋友对震后的日本特别关切，可能就是出于这一感同身受的原因（东日本大地震那一年我恰好在美国），他们那时的眼神给了当时的我极大的安慰。

我有一位熟人的父亲，就是在汉福德工厂里从事清理项目的物理学专业技术人员。在一次聚会的鸡尾酒时间里，我与他有过这样一番交谈：

"你得多吃维生素 C 啊"，他对我说，"要养生，必须得多多摄入维生素 C 才行"。

说真的，我听到他这么说，当时并没有太在意。因为在我看来，维生素 C 难道不是到处都有吗？所以，我当时认为他只是想委婉地劝我爱惜身体，心里感动，很自然地微笑着对他道了谢，就没有再就这个话题继续交谈了。

直到后来，当我了解到"口服维生素 C 有助于减轻放射线辐射对人体的损伤"的研究确在推进时，我懊恼极了。唉，当时我真该再向他请教请教呀！

"是吗？为什么呀？您每天在工厂里是怎么服用维生素 C 的呢？"要是当时我多问他几个这样的问题，我肯定早已从面对辐射时惶然无助的状态中解脱出来了。

我读过一篇英国论文[1]，其中有这样的内容："早餐时按每公斤体重 35 毫克服用维生素 C 的人，一小时后采集血样，从中分离得白细胞，并以放射线照射后，其 DNA 的损伤程度，与未服用维生素 C 的对比组相比，明显小很多。"文章浅显易懂，而实验的结果也对我们的日常生活有着直接的指导意义。

1．主要参考文献［50］。

防紫外线与防放射线的共通之处

医生们对"核电泄漏事故后如何在日常生活中防减体内辐射和体外低线量辐射"进行相关研究后，就维生素C的摄入量以及摄入方法提出了具体建议，例如：成人每次1~2克，每天3~4次，儿童按每公斤体重每天60毫克、分2~3次摄入[1]。这一建议，与鲍林博士针对流感、癌症、心脏病等各种疾病的预防和治疗所提出的摄入方法（例如成人每天4~10克，分数次摄入）几乎是完全一致的。

医生们还建议，不要只服用维生素C，一定要配合其他维生素或微量元素服用，才更有效果。

所以，我就有请蜂蜜出场了。

维生素C如果能与蜂蜜搭配摄入，那就等于是与活性多种维生素、多种微量元素搭配，不仅效果更佳，而

1．主要参考文献［29］。

且美味。

同时，还有一点我在上文中也提到了，紫外线和放射线在加速细胞老化、对 DNA 造成损伤的机理上是非常相似的（唯一不同之处就是放射线波长越短，其放射能越强）。"要防紫外线，就得服用维生素 C"，在美容领域中，这个说法一般人都能接受，不过，如果更准确、深入推究的话，从理论上，这个说法其实不属于美容范畴，而属于防辐射范畴。

但也如同我之前所说的，维生素 C 的"适量"是因人而异的。所以要知道自己每天、每次的摄入量究竟多少为宜，只能是自己尝试一段时间，最终找到属于自己的答案。

一般说来，维生素 C 是没有任何严重副作用的，但刚开始服用的时候，有的人可能出现肠胀气、胃胀、感觉不适等情况。因此，即便是成年人，一开始也不要贸然摄入太多，一般建议从每天 500 毫克到 1 克起步，根据实际情况再做调整[1]。

如果已经找到了属于自己的"适量"，便可以用蜂蜜

---

1. 少量开始，逐步增量，用这个方法，大多数人很快就能找到适合自己的节奏。对那些胃特别敏感的人，还有一种添加了钙或锰以保持 pH 值稳定的"缓释维 C"粉剂或片剂。在美国，超市里就有售卖。在日本也能买到，属营养素补充剂。

和维生素 C（抗坏血酸）原粉做成"蜂蜜柠檬糖（Honey Lemon Candy）"（第 146 页），当作每天上午 10 点和下午 3 点的点心，也很不错。

除此之外，还有更多更好的服用维生素 C 原粉的方法，比如把它加在橙汁、黑醋饮料等酸甜味的饮料中服用，口感近似于添加了浓缩柠檬汁，非常好喝。如果是把维生素 C 原粉直接溶解在饮用水中，会觉得特别酸。

当然，如果能再加点蜂蜜，做成"蜂蜜橙汁维 C"水，那就更好喝啦。

维护自身健康，这比什么都重要

　　在可憎的核泄漏事故中，大量的放射性物质被扩散到空气中、海水里、地面上。直到今天，那里还像是一口冒着蒸汽的大锅，而我们却无法给它加上盖子。

　　事已至此，我们到底该怎么办？为了不再犯同样的错误，今天我们该做些什么？

　　"去讨论如何消除一项公害污染，就好比无视其长期溃烂的内在病灶，只对外部患处采取对症疗法。"公害问题是错综复杂的。

　　世界上，还有好几口这样敞着盖的地狱大锅。

　　世界上，每个人都在这个风、水、尘流动、飞舞、循环的空间里生存，呼吸着这里的空气，用这片土地上生长的食物维持生命。

　　我们每个人的颈上都仿佛套着驾辕之轭，与这个空间紧密地联系在一起。

　　只要活着，就没有一个人能从这个空间中逃脱。

　　头疼医头脚疼医脚是没有意义的。可以确定的是，我们所拥有的唯有这片土地，而今天，我们能做的也唯有让自己脚下的这片土地重新焕发生机。同样的，我们对待自己的身体也是如此。耕耘它，意志坚定，让它始终强健，除此以外，我们别无选择。

　　对，就好像工蜂们那样，飞去花丛中采蜜，从不停歇。

SPOONFUL
OF HONEY

13

蜂蜜令肠胃舒畅

"混合了蜂蜜的海水"是强力泻药。
在天狼星当空的灼热夏季，把蜂蜜、
雨水、海水，按1:1:1的比例混合过
滤后，灌入防漏水壶中，使其发酵。
也可在两份沸腾海水中加入1份蜂
蜜，灌入瓶中密封。
上述制剂是比纯"海水"更为平和的
泻药。

——迪奥斯科里季斯
《Materia Medica（药物志）》[1]

---

1. 主要参考文献［11］。摘自英文版，笔者译。

　　迪奥斯科里季斯医生是古罗马时代的医师和植物学者，被称作药草学之父。在现代医学、药学、植物学领域受到极大推崇，与希波克拉底拥有同等地位。

　　据说迪奥斯科里季斯是古罗马皇帝尼禄的御用医生，皇帝便秘的早晨，他就会开具这一"蜂蜜海水"处方奉上吧……

　　他还曾作为尼禄军队的军医到过各地，抱着慈悲之心的医生，应该是想到了长途行军中，定会有不少士兵因排便时间无法固定而受困扰吧？我想，也许医生就是在这种情形下，基于他宝贵的临床经验开出这一有效处方的。

　　可悲的是，到了现代，我们已经很难找到清洁度足以入药的雨水和海水。所以我并没有实际尝试过这个处方。

　　不过，不知为何，我在心理上对这个来自古罗马的处方毫无违和之感。我久久凝视这一配方，虽然其中并没有柠檬和维生素 C，但我发现，这古罗马处方，其实与本书前文第 60 页中以天然盐制成的"蜂蜜水（自制电解质饮料）"配方相同，只是把其中蜂蜜与盐分的浓度大大提高了而已。

　　如此说来，迪奥斯科里季斯医生在这一处方之前就已说了："海水"直接服用，是非常强力并且对人体消耗很大的泻药。此外，海水还有清理肠道的作用，加入蜂蜜，就能使之成为较为平和的"温柔泻药"。

用蜂蜜水为身体排毒

夏日酷暑中，我的一位朋友每天喝 1 升"蜂蜜水（自制电解质饮料）"（本书前文第 60 页）。因为和我关系亲密，她给我提供了这样一份不外传的口头报告。

"我觉得这蜂蜜水不仅能给身体提供滋养补给，还好喝，能防中暑、防自律神经紊乱，所以我就猛劲儿地喝来着。结果，突然就开始拉肚子了，哗哗的……但让我觉得奇怪的是，身体并没有觉得乏力，而且这次拉肚子跟平时拉肚子不一样，肚子怎么一点儿也不疼呢？"

听了朋友的报告，我也觉得奇怪。于是重新拿出迪奥斯科里季斯医生的文章来，反复阅读、反复琢磨。

首先，她在饮用"蜂蜜水"的过程中，身体确实享受到了营养补充和水分补给的福利，所以我推断，她在腹泻时的身体状况应该是健康有活力的。

但由于该"蜂蜜水"是添加了天然盐的电解质饮料，本来是为那些在农田中劳作或是剧烈体育运动的人设计的配方，是在出汗很多、如果再不补充盐分就要中暑的情况下饮用的。

而我朋友是白领，平时出汗量并不大，远远不到需要补充盐分的程度。所以我认为，这次温和的腹泻，应该是她摄入超量天然盐配方蜂蜜水导致的。

还有，莱纳斯·鲍林博士也说过，维生素 C 本身也有温和的致泻作用。当人体中维生素 C 的储备量充足时，就会出现溏便，这是正常的。既然如此，当摄入大量含有维生素 C 粉末的蜂蜜水时，天然盐与维生素 C 难免出现相乘效应，从而促进了身体的排毒。

"蜂蜜水"曾经只是我出汗很多时的特殊配方，平常并不怎么喝。经过这次朋友的事情后，我就想故意多喝一些，看看是否会对身体造成影响（换句话说，造成腹泻）。我尝试了，结果证明，确实有通便排毒的效果，身体感觉好轻松。

于是我把自制电解质饮料"蜂蜜水"的名字改为"HONEY WATER DD"，这里的两个"D"，分别代指"迪奥斯科里季斯"和"排毒（DETOX）"。

当然，本书第 60 页的标准配方中的蜂蜜、天然盐、维生素 C 原粉的配比，是我自己家里的上限量。读者们自制的时候，可以参考这一配比，不断探索，总结出属于自己的"适量"。

　　总的来说，由于每天的天气、出汗情况、自己的身体状况，这些都是不断变化的，所以，能达到预期效果的分量到底是多少？每天什么时候服用最好？我们自己也是无法用一句话说清楚的。

　　感觉到腹胀的时候，或者其他自己认为有必要的时候，根据实际情况适度地服用配方蜂蜜水，就能稳妥地促进排便，这是我的实际感受。

　　事实上，蜂蜜本身就有清理肠道的功效，其原理完全可以用现代的科学认知来解释。蜂蜜最了不起的一点在于它对便秘和腹泻都具有治本疗效。如能养成持续、科学地服用蜂蜜的饮食习惯，那么就不仅是对症治疗了，而是上升到了对肠道健康护理的高度。

　　一般认为，蜂蜜中所含低聚糖及葡萄糖酸，能增加肠道有益菌，减少有害菌。持续服用蜂蜜，能预防大肠癌，这一研究成果来自肠道细菌研究第一人——光冈知足先生。这是本书第118页出现过的宇津田博士介绍给我的，蜂蜜在"腹泻（不是便秘）时服用三大匙有效"。

　　实际上，一下子吃掉三大匙蜂蜜，太甜了，可能不是件轻松的事，但有经验的医生提出了具体办法，可供我们在亲身尝试时参考。

　　同时，除了低聚糖及葡萄糖酸以外，蜂蜜中生成的过氧化氢具有抗菌作用，能在杀灭有害菌的同时不伤害有益菌，关于这点，前文我也提到过。仔细想来，我们常在早餐或者夜间甜品时间吃的"蜂蜜酸奶"，被称为"肠内芙洛拉（肠道花神）"，正是清理肠道环境方面的最佳食品搭配。

只要能科学地服用蜂蜜，就好像给肠道内的花田施肥，蜂蜜可令腹中的田地重新焕发活力，开满灿烂的花朵。如此一来，令人不快的便秘、腹泻一去不返，科学地服用蜂蜜就像每天都为身体田地送上健康的肥料！

好，现在我再回到"用蜂蜜水给身体排毒"的话题上，来说说都有哪些注意事项。

被迪奥斯科里季斯医生称为"非常强力的泻药"的海水，盐分浓度约 3%，而我们自制蜂蜜水配方中天然盐的浓度只是海水浓度的十分之一。虽说浓度如此之低，但如果一气喝下 500 毫升蜂蜜水，盐摄入量就会高达 1.5克。所以必须多注意，避免盐分摄入过多。

我对朋友说明了蜂蜜水配方的来由，告诉她除非是运动后出汗很多的情况，否则不要因为酷热就过度冰镇。并告诉她，在没怎么出汗的情况下把蜂蜜水当作营养剂饮用的话，应减少天然盐的分量，不过，如果特别希望润肠通便的时候，可以多喝些，但一定要根据自己每天的卡路里摄入量以及盐分摄入量调整浓度。

后来，我的这位朋友摆脱了便秘的困扰，她说："你介绍的 HONEY WATER DD，我按自己的身体状况调整了蜂蜜、盐和维生素 C 的配比，现在肠道舒服多了，排便也轻松了。你看，我是不是瘦了点？"看起来她心情不错。

那是个夏天，酷暑中，明亮的天狼星下，我们这些女人们开心地玩起"过家家"游戏，假想自己就是古罗马的医生。

断食疗法启示，精心耕作腹中"田地"

写到这里，我忽然想起十五年前的一件事。一个断食诊所的医生曾经告诉过我一句充满智慧的话，我至今还记得。

"因病腹泻不止，只要不是糟糕的严重腹泻，偶尔拉一次（额，抱歉我的措辞可能太随便了），是身体把不好的、多余的东西排出体外，让身体轻松的宝贵机会。所以，没必要为此担心。遇到这种情况，应该认为自己很幸运，怀着感激之心，喝些热茶什么的，注意腹部保暖，及时补给失去的水分就好。"

"有时候要聪明地得一次感冒，有时候要聪明地腹泻一下哦。但便秘可不行。不可把坏东西留在自己的身体里，这是不生大病的秘诀。"

实在是有道理啊……

人是铁，饭是钢，肚子饿的时候人就会垂头丧气。我参加断食的时候，一日三餐都不吃，每天 24 小时那么漫长，真是难熬。因为什么都不能吃进肚子，于是我的大脑开始拼命地吸收各种各样的东西，把它们细细咀嚼后、化作身体的一部分。

抬眼望去，天空依然碧蓝，双目追随流云，我感觉时间过得好慢。啊，好羡慕小鸟，能自由自在地啄食树上的果实……

整整五天，只能喝清水，完全断食。现在看来虽然是一件非常有趣的事，但是我是个吃货，当时一度觉得自己真的撑不下去了。当时我胡思乱想了好多，但已经不是用头脑，而是用身体。

断食疗法的指导老师一开始就告诉我们说："断食几天之后，我们身体最薄弱的部分就会有反应。所以，有的人胃痛，有的人腰痛，因人而异。就算你的身体实际上还能坚持，但如果你认为自己没法再坚持下去的话，就请说出来。我会根据你们的脸色来判断实际的状况，会给你们提供电解质饮料的。"

啊，真的太有意思了。我兴致勃勃地等着发现自己什么地方会痛，断食的第五天，也就是最后一天的早晨，我的痛来了，从眼睛里面开始，向整个头部扩散。而我丈夫还没有任何地方感到疼痛。

哈哈，还真是，眼睛是我平时用得最狠的部位，果然从这里开始痛了呀，真是太有意思了！我一边这样想着，一边想努力试试自己是否能忍，可惜我平时就是个怕疼怕痒，对身体的小小不适都没有耐心的人，所以短短30分钟后我就投降了。发到我手里的是500毫升市售电解质饮料，喝了之后头痛居然就好了，一切就像没有发生过，这真让我惊异万分。

后来还发生了一件有意思的事。我丈夫的一位美国同事，那之后不久也去了同一家断食诊所，但他在断食第二天就坚持不下去了，嚷嚷着"这哪受得了呀"，就冲出诊所跑回家了。

我丈夫去问事情的原委，貌似那位同事还没有释然，怒气冲冲的。我丈夫回来后忍着笑对我说："这家伙人不错，但是个急性子，容易着急。医生给他电解质饮料后没多久，他忽然就冲出去跑掉了。"

哦哦，最薄弱的部分会有反应——原来也包括性格气质上的弱点呀！

断食真是件可怕的事。了解到自己的薄弱点，这倒罢了，可是断食时可能不是一个人，会有同伴的……看来，为了不在人前暴露自己的缺点，平时很有必要在手边随时备些蜂蜜电解质饮料呢。

再来说说那次断食疗法之后发生的事吧。从那以后，有时候我和丈夫二人会一起断食一日，这一天我们就靠自制的蜂蜜水度过。到了最近，有时候会有吃多、出现连续几天腹胀的情况，这时我们会把蜂蜜水的饮用量加大到每天两升左右，给自己的内脏放个假。

这种断食说是一整天不吃东西，实际上每天服用蜂蜜160克，所以并非严格断食。不过，不吃任何固体食物，能使肠胃获得休息，与此同时，肠胃还能因蜂蜜的黏膜修复功能获益。而且如果每天的摄入量达到两升的话，那么"HONEY WATER DD"的"通便排毒"效果应该也不错。

顺便说一下，蜂蜜水最好当天做、当天喝，不要放到冰箱里保存，这样不会让身体受凉。断食的这天，不用做饭也不用洗碗，感觉挺新鲜，闲暇时间也因此多了起来，真令人开心。就连入浴都可以优哉游哉的了。

其实，断食也可以不要一整天的，可以只不吃晚餐，代之以1瓶蜂蜜水（500毫升），在入睡之前喝完。这样也能让肠胃得到休息，第二天会感到身体特别轻快。简便易行，但休整肠道效果奇佳，是很棒的"迷你"型断食。

迪奥斯科里季斯用蜂蜜与雨水和海水混合发酵，制成了解毒剂。因为，人体里如果积存了毒素，人就会生病。

但是，只是把毒素排出，还不足以使人恢复健康。

健康的能量源泉在哪里？我想，应该就是我们腹中的"田地"吧？它把我们摄入体内的食物仔细地粉碎，使其发酵、与微生物共生，让营养在体内循环，培育出肠道花神。当我们的腹中开满美丽的花朵时，身体就会充满健康活力。

选择肥料和农药的是我们自己。

你会用哪种方法让健康之花开放呢？

蜂蜜会为培养健康的土壤发挥巨大作用。所以，我会不时地给田地里浇灌些"蜂蜜水"，把蜂蜜当作了身体田地的肥料。

还要再说一件事：蜂蜜与水的混合物——蜂蜜水，经发酵后就成了一种叫"mead"的蜂蜜酒，非常好喝。

让我们的身体充满健康活力，然后，一起来喝美酒吧！耳边仿佛又听到了蜜蜂羽翼振动的声音。

来一杯蜂蜜牛奶或蜂蜜葡萄酒，
道声"晚安"

入睡前和起床后，各来一匙麦卢卡蜂蜜，慢慢地品尝——自从我这样做之后，曾经顽固地存在于我咽喉内的疼痛、蜇，以及其他蜂蜜未能彻底根除的辣丝丝的不适感，都消失得无影无踪了。而这个过程只是一两天而已。

工蜂们把采集到的花蜜与酵素混合起来，塞进巢穴之中，振动羽翼使其挥发水分、进一步浓缩，到了一定的时候，又掀开盖子促使其成熟。这精彩的一匙蜂蜜背后，是那些勤劳的蜜蜂们。它们现在究竟在哪里？蜜源的花朵，究竟在什么样的天空下、是怎么样地盛开的呢？

11月份的第四周，北半球的日本还是初冬，我来到了春光烂漫的新西兰，来到了位于北岛的科罗曼德尔半岛。我是专为欣赏盛开的麦卢卡花和繁忙的蜜蜂们而来的。

哈海是位于旺格努伊海洋保护区一端的小镇，我从一处能俯瞰碧蓝大海的小山丘上，沿着海岸边的道路，穿行在树林中，走着走着，眼前豁然开朗，在内陆一侧的一处山丘上，满山都仿佛披着一层白色和淡粉色的幔帐。

沙滩散步结束后，我又驾车行走在 309 号公路上，沿途到处都是麦卢卡树。弯弯曲曲的路边，还放着几只蜂箱。那周围有工蜂在空中嗡嗡飞舞。我赶紧停车，奔下车去，空气中都是麦卢卡蜂蜜那甘甜而充满活力的香气。为了治疗自己咽部的杀痛，我曾在自家厨房里，手握小匙打开蜂蜜瓶盖。而那一瞬间闻到的香气的根源，原来就在这里！

"麦卢卡蜂蜜，风味浓郁，颜色发黑，所以以前根本没有人看好它"，养蜂家安德鲁饶有兴趣地笑着说。

"那时候一般都是用于加工，要不就干脆丢掉，哪想到现在，要在实验室里验证有效等级、还进了医院、去了海外，甚至还有您这样的客人，从日本万里迢迢地飞来，就为了看酿出这蜜的蜜蜂呢！"

患者的肢端被无情截去，这能救命的甘露也被轻易丢弃，那么，人们在无情地抛弃这一切之时，何曾找到了什么替代之物呢？

每批收获的蜂蜜都会在检查机构接受"治愈力证明检验检测"，并颁发等级证明，勤劳采蜜的蜜蜂们对此并不关心。她们只知道专心酿造蜂蜜，从古至今从未改变。

因为，她们的辛勤劳作，是支持蜜蜂大家族的重要工作。

美味的花蜜是酿造蜂蜜的原料，当发现新的花丛时，工蜂姑娘们会振动蜂腰，用全身力气跳起舞，准确无误地向同伴们呼唤着："这里有花！这里有花！"这，是为了养育蜂巢中还在沉睡的蜜蜂子孙们，也是为了养活她们自己。

她们总是尽力工作，即便有谁来拿走了贮存的花蜜，她们也总是非常大度。无论是熊，还是人，只要想要，就来拿吧！因为我们今天还会去寻找新的花丛。

我与蜂蜜常常接触，也非常喜欢蜂蜜，但几十年中都没能真正了解蜂蜜的实力。这本书，是粗心的我，在不经意间被蜂蜜的力量征服，从此沉迷于各种冒险之中，并将那些经验和教训总结而成的一本书。这种感觉，就好像一个孩子，重新发现蜂蜜竟然有这么多的功效时，大喜过望。我忍不住想要奔入小伙伴群中，对着他们大声说"爱蜂蜜的人啊，快过来！"

读了这本书之后，如果您对蜂蜜的功效产生兴趣、也想亲身一试的话，我会非常开心，因为这世上可能又会多出一种美味的蜂蜜食品。您可以参考这本书里介绍的蜂蜜用法，精心配制适合您自己的那一种，尽情享用。

全世界有无数种蜂蜜。我期待，对蜂蜜的治疗效果感兴趣的粉丝不断增加，并能从学术发现的角度更多发掘各种蜂蜜中那些隐秘的力量。

近年来，关于"药用蜂蜜"以及我在这本书中介绍过的与蜂蜜搭配的维生素 C 等的研究不断深入，专家之间也有各种各样的信息相互沟通。

在任何领域，科学研讨都是由具有社会性的人来进行的，如果没有人的开拓和推进，这个世界就会是一片仅有证据、理论存在的荒野。这世界时时都有惊心动魄的剧情在上演着，只不过我们不是时时都能看到。

而接受每一段剧情结局的，正是我们这些普通人。对热爱收集素材的生活者来说，最好的灵感莫过于：围观这些议论；在外围为那些专心做科研的人呐喊助威；想方设法把他们的科研成果应用到生活中去。

我在各章节开头引用的针对每段内容的字句，就好比茶道会上的挂轴，形式意义大于内容。既有摘自著作或文献的，也有来自身边交流过的人说的话，引用的方式未经特意整理，所以可能不够一致。但这些字句的原作者都被我奉为心灵导师，是我爱蜂蜜、思考蜂蜜的过程中，给了我极大影响或启迪的人。其中有几位是生活在古代、不曾谋面的先辈，虽然我无法直接向他们致谢，但请允许我在此对每一位都奉上由衷的敬意。

我对在本书写作过程中给予关照的各位深怀感谢。在同一巢穴的团队中，分别驻扎在不同的场所、勤奋工作、酿造蜂蜜的蜜蜂姑娘们，还有那些一起振动羽翼的雄性蜜蜂兄弟们。尤其是担任总指挥的广濑桂子女士，以及负责直接监督笔者、以免笔者去采蜜时，被花香引得流连忘返、让大家担心的责任编辑岛口典子女士。想到这一切，我怕是要吃不少蜂蜜才能缓解心中激荡。

还有一直支持我的家人、朋友们。

真是太感谢你们了！

自古以来，甜味的东西就能给人幸福感。其中，蜂蜜尤因不会造成血糖急剧上升、能抑制肾上腺素分泌之故，带来的幸福感能长时间持续。乙酰胆碱能使副交感神经处于优势，因而具有镇静作用，因此能够抑制兴奋、使身心放松。

假如你今晚因为太伤心或者太高兴睡不着觉的话，不妨倒一小杯温牛奶，或者把晚餐没喝完的红酒拿来，加入一匙蜂蜜，搅匀后端到床边来吧。

今夜的你可能会做梦，梦见自己变成了一只蜜蜂，飞舞在鲜花丛里，全身都包裹在甘甜的香气中。

2015 年 秋

前田京子

主要参考文献

［1］Manuka: The Biography of an Extraordinary Honey, C. Van Eaton, 2014. Exisle Publishing.

［2］Manuka-Honig: Ein Naturprodukt mit außergewöhnlicher Heilkraft, D. Mix, 2014. 360° meidien gbr mettmann.

［3］Practical Beekeeping in New Zealand, A. Matheson and M. Reid, 2011. Exisle Publishing.

［4］TAUTSU J. 解读：蜜蜂世界令人震惊的超个体行动 [M]. 丸野内棟，译. 丸善出版，2012.

［5］角田公次. 蜜蜂养殖、蜂蜜生产实况及蜜源植物 [M]. 农文协，1997.

［6］日本本土蜜蜂汇编. 日本蜜蜂、本土蜂种养殖实况 [M]. 农文协，2000.

［7］久志富士男. 蜜蜂飞到我家来 [M]. 高文研，2010.

［8］梅特林克 M. 蜜蜂的生活 [M]. 山下知夫，桥本纲，译. 工作舍，2000.

［9］渡边孝. 蜜蜂文化史 [M]. 筑摩书房，1994.

［10］渡边孝. 蜜蜂文学志 [M]. 筑摩书房，1997.

［11］De materia medica, Pedanius Dioscorides of Anarzarbus,

translated by L.Y. Beck, 2005. Olms-Weidmann.

［12］玛尼卡 L. 法老的秘药——古埃及植物志 [M]. 编辑部，译．八坂书房，1994.

［13］Thompson C J S. 香料文化志——香之谜和香之诱惑 [M]. 驹崎雄司，译．八坂书房，1998.

［14］Athavale V B. 阿育吠陀——日常与应季生活方式 [M]. 稻村晃江，译．平河出版社，1987.

［15］弗洛里 D, 拉德合 V. 阿育吠陀之香草医学 [M]. 上马场和夫，监译、编著．出帆新社，2000.

［16］The New Standard Formulary, A.E. Hiss, Ph.G., and A.E. Ebert, Ph.M., Ph.D., c.1910. G.P. Engelhard & Company.

［17］木下武司．历代日本药局方收载生药大事典 [M]. @GAIA_BOOKs，2015.

［18］渡边孝．蜂蜜百科新装版 [M]. 真珠书院，2003.

［19］Honey and Healing, edited by P. Munn and R.Jones, 2001. International Bee Research Association.（曼 P, 琼斯 R. 蜂蜜与替代医疗、探求医疗前线的可能性 [M].【国际蜜蜂研究协会】松香光夫，监译．FRAGRANCE JOURNAL, 2002）

［20］宇津田含监修．用蜂蜜留住健康（家庭画报副刊）[M]. 世界文化，2004.

［21］Vitamin C, the Common Cold and the Flu, L.Pauling, 1976. W. H. Freeman & Company.（鲍林 L. 莱纳斯鲍林的维

生素 C 与感冒、流感 [M]. 村田晃，译 . 共立出版，1977.）

［22］Cancer and Vitamin C:A Discussion of the Nature, Causes, Prevention, and Treatment of Cancer（鲍林 L, 喀麦隆 E. 癌症和维生素 C [M]. 村田晃，木本英治，森重福美，译 . 共立出版，2015.）

［23］How to Live Longer and Feel Better, L. Pauling, 1996. Avon Books.

［24］丸元淑生 . 好吃还治病——营养疗法权威为您提供的健康手册 [M]. 文艺春秋，1986.

［25］卡本特 K J. 坏血病和维生素 C 的历史——"权威主义"与"先入为主"的科学史 [M]. 北村二朗，川上伦子，译 . 北海道大学图书刊行会，1998.

［26］村田晃 . 新——维生素 C 与健康——21 世纪的健康养护 [M]. 共立出版，1999.

［27］柳泽厚生 . 维生素 C 消灭癌细胞 [M]. 角川 SSC 新书，2007.

［28］生田哲 . 大量摄入维生素 C 可预防感冒、对癌症有疗效 [M]. 讲谈社 +α 新书，2010.

［29］水野春芳 . 引人注目的超高浓度维生素 C 点滴疗法 [M]. 日本文艺社，2013.

［30］The One–Straw Revolution:An Introduction to Natural Farming, M.Fukuoka, edited by L.Korn, 1978. Rodale Press.

（福冈正信. 自然农法——一根稻草的革命 [M]. 柏树社，1975.）

［31］光冈知足. 肠道细菌学 [M]. 朝仓书店，1990.

［32］光冈知足. 健康长寿的饮食——肠道细菌和功能性食品 [M]. 岩波 ACTIVE 新书，2002.

［33］上野川修一. 免疫和肠道细菌 [M]. 平凡社新书，2003.

［34］青木皋. 人体常在菌的故事——美女"菌"养成 [M]. 集英社新书，2004.

［35］小林达治. 根的活力和根部微生物 [M]. 农文协，2013 [1986 第一版].

［36］小林达治. 用光合成细菌保护环境 [M]. 农文协，2012 [1993 第一版].

［37］Fruitless Fall: The Collapse of the Honey Bee and the Coming Agricultural Crisis, R.Jacobsen, 2008. Bloomsbury. （杰科普森 R. 蜜蜂为何大量死亡 [M]. 中里京子，译. 文艺春秋，2009.）

［38］吉田忠晴. 蜜蜂"荒"与今后的日本农业 [M]. 飞鸟新社，2009.

［39］study 2007. 被忽视的早期被放射线辐射 [M]. 岩波科学图书馆，2015.

［40］三宅泰雄. 与死灰战斗的科学家 [M]. 岩波新

书，2014 [1972 第一版].

［41］Zumla, A. and A. Lulat. Honey: A remedy rediscovered. Journal of the Royal Society of Medicine. 1989;82:384–85.

［42］Molan, P. Selection of honey for use as a medicine. http://waikato.academia.edu/PeterMolan. 2012;1–5.

［43］Irish, J. et al. The antibacterial activity of honey derived from Australian flora. PLoS One. 2011;6(3):e18229.

［44］Nightingale, K. Native honey a sweet antibacterial. Australian Geographic (online). 2011 Mar 3 (www.australiang-eographic.com.au/news/2011/03/native-honey-a-sweet-antibacterial).

［45］Haydak, M.H. et al. A clinical and biochemical study of cow's milk and honey as an essentially exclusive diet for adult humans. American Journal of Medical Sciences. 1944;207(2):209–18.

［46］Paul, I.M. et al. Effect of honey ,dextromethorphan, and no treatment on nocturnal cough and sleep quality for coughing children and their parents. Archives of Pediatrics and Adolescent Medicine. 2007;161(12):1140–46.

［47］El-Haddad, S.A. et al. Effcacy of honey in compar-ison to topical corticosteroid for treatment of recurrent minor aphthous ulceration: A randomized, blind, controlled, parallel, doublecenter clinical trial. Quintessence International. 2014; 45(8):691–701.

［48］Motallebnejad, M. et al. The effect of topical application of pure honey on radiation-induced mucositis: Arandomized clinical trial. Journal of Contemporary Dental Practice. 2008;9(3):40–7.

［49］Khanal, B. et al. Effect of topical honey on limitation of radiation-induced oral mucositis: An intervention study. International Journal of Oral and Maxillofacial Surgery. 2010; 39(12):1181–5.

［50］Green, M.H. et al. Effect of diet and vitamin C on DNA strand breakage in freshly-isolated human white blood cells. Mutation Research. 1994;316(2):91–102.

［51］Yamamoto, T. et al. Pretreatment with ascorbic acid prevents lethal gastrointestinal syndrome in mice receiving a massive amount of radiation. Journal of Radiation Research. 2010;51(2):145–56.

［52］Chen, Q. et al. Pharmacologic ascorbic acid concentrations selectively kill cancer cells: Actions as a pro-drug to deliver hydrogen peroxide to tissues. Proceedings of the National Academy of Sciences. 2005;104:8749–54.

［53］Keim, B.Honey remedy could save limbs. Wired

（online）。2006 Oct 11（http://archive.wired.com/medtech/
health/new/2006/10/71925）.（《抗生素已失效的细菌，
以蜂蜜对抗》http://wired.jp/2007/06/21 抗生素已失效的
细菌，以蜂蜜对抗）

作者心声

　　本书结合作者的经验，介绍了经专业研究证实其一般安全性及功效，并公开发表、被广泛公认的素材及其应用方法。但，无论多么安全的素材，并非适用于所有人。请在充分确认"自身特性"、亲自作出判断的前提下应用。同时，尽管蜂蜜对幼儿的发育和健康有好处，但以往曾经出现过蜂蜜中发现肉毒菌的先例，因此一般认为不适于肠道细菌群尚未发育的不满一周岁的乳幼儿。关于这一点，参考文献［19］的卷末有一篇报告，推荐一读。